高等职业教育“十三五”规划教材

高　职　高　专　教　育　精　品　教　材

自动检测与转换技术

主　编　袁冬琴

副主编　江可万

参　编　王银月

李　锐

周莹君

内容提要

本书在介绍了检测技术和传感器技术的基本概念的基础上，对工业中常用传感器的基本工作原理、使用方法和应用作了全面的阐述。本书在编写过程中理论知识以必需、够用为度，突出传感器的应用和使用方法，理论联系实际，图文并茂，易于自学，方便教学。

本书可作为机电一体化技术、数控技术及与之相近专业的高职高专教材，也可作为工程技术人员学习检测技术的参考书。

图书在版编目(CIP)数据

自动检测与转换技术/袁冬琴主编.—上海:上海交通大学出版社,2015(2021重印)
ISBN 978-7-313-13481-3

Ⅰ.①自… Ⅱ.①袁… Ⅲ.①自动检测—高等职业教育—教材②传感器—高等职业教育—教材 Ⅳ.①TP274②TP212

中国版本图书馆CIP数据核字(2015)第167248号

自动检测与转换技术

主　　编：袁冬琴
出版发行：上海交通大学出版社　　地　　址：上海市番禺路951号
邮政编码：200030　　电　　话：021-64071208
印　　制：常熟市文化印刷有限公司　　经　　销：全国新华书店
开　　本：787mm×1092mm　1/16　　印　　张：8.25
字　　数：190千字
版　　次：2015年9月第1版　　印　　次：2021年8月第4次印刷
书　　号：ISBN 978-7-313-13481-3
定　　价：36.00元

前　言

《自动检测与转换技术》教材在介绍了检测技术和传感器技术基本概念的基础上，对电阻式传感器、电感式传感器、电涡流式传感器、电容式传感器、热电偶传感器、超声波传感器、霍尔传感器、压电式传感器、光电传感器和数字式传感器的基本工作原理、使用方法和应用作了全面的阐述。本书参考学时48学时，书中理论知识以必需、够用为度，突出传感器的应用和使用方法，理论联系实际，图文并茂，易于自学，方便教学。

本书由上海东海职业技术学院袁冬琴承担绪论、第1、2、3、4、6、10章的编写，上海东海职业技术学院李锐承担第7、8章的编写，上海东海职业技术学院王银月承担第5、9章的编写，上海东海职业技术学院周莹君承担第11章的编写。全书由袁冬琴统稿，上海电机学院江可万老师审稿。

在本书编写的过程中，得到了上海东海职业技术学院杨萍以及其他许多老师的关心和帮助，并采纳了许多宝贵意见，在此表示衷心的感谢。

本书可作为高等职业院校机电类专业的教材，也可作为工程技术人员学习的参考书。

前言

目　录

绪　论

0.1　检测技术的地位与作用

检测是指在各类生产、科研、生活及服务等领域为及时获得被测、被控对象的有关信息而对一些参量进行的定性检查和定量测量。因此，检测是意义更为广泛的测量。

对工业生产而言，采用各种先进的检测技术对生产全过程进行检查、监测，对确保安全生产、保证产品质量、提高产品合格率、降低能源和原材料消耗、提高企业的劳动生产率和经济效益等是必不可少的。

在工业生产中，为了保证生产过程能正常、高效、经济的运行，必须对生产过程的某些重要工艺参数（如温度、压力、流量等）进行实时检测与优化控制。例如城镇生活区污水处理厂在污水的收集、提升、处理、排放的生产过程中，通常需要实时准确检测出液位、流量、温度、浊度、泥位（泥、水分界面位置）、酸碱度（pH）、污水中溶解氧（DO）含量、各种有害重金属含量等多种物理和化学成分参量，再由计算机根据这些实测物理和化学成分参量进行流量、（多种）加药（剂）量、曝气量、排泥量等的优化控制，为保证设备完好及安全生产，还要同时对污水处理所需机电动力设备和电气设备的温度、工作电压、电流、阻抗进行安全监测，这样才能实现污水处理安全、高效率和低成本运行。据了解，目前国内外一些城市污水处理厂由于在污水的收集、提升、处理、排放的各环节均实现自动检测与优化控制，大大降低了污水处理的运营成本，其污水处理的平均运行费用约为 0.4 元每立方米；而我国许多基本靠人工操作的城镇污水处理厂其污水处理的平均运行费用约为 1.0～1.6 元每立方米；两者相比差距十分明显。

在军工生产和新型武器、装备研制过程中更离不开现代检测技术，对检测的需求更多，要求更高。研制任何一种新型武器，从设计到零部件制造、装配到样机试验，都要经过成百上千次严格的试验，每次试验需要高速高精度地同时检测多个物理参量，测量点经常多达上千个。例如飞机、潜艇等在正常使用时都装备了上百个检测传感器，组成十几至几十种检测仪表用来实时监测和指示各部位的工作状况。而在新机型的设计和试验过程中需要检测的物理量更多，检测点的数量通常在 5 000 点以上。在火箭、导弹和卫星的研制过程中，需要动态高速检测的参量很多，要求也更高；没有精确、可靠的检测手段，使导弹精准命中目标和使卫星准确进入轨道是根本不可能的。

用各种先进的医疗检测仪器可大大提高疾病的检查、诊断速度和准确性，有利于争取时间、对症治疗，增加患者战胜疾病的机会。

随着生活水平的提高，检测技术与人们日常生活愈来愈密切相关。例如，新型建筑材料的物理、化学性能的检测，装饰材料有害成分是否超标的检测，城镇居民家庭室内的温度、湿度、防火、防盗及家用电器的安全监测等，这些都说明检测技术在现代社会中是不可或缺的。

0.2 自动检测系统的组成

尽管现代自动检测系统的种类繁多，用途和性能千差万别，但它们都是用于各种物理化学成分等参量的检测，其工作流程是：首先通常由各种传感器（变送器）将非电被测物理或化学成分参量转换成电信号，然后经信号调理（信号转换、信号检波、信号滤波、信号放大等）、数据采集、信号处理，最后实现信号显示及输出（通常有 4～20 mA、经 D/A 转换和放大后的模拟电压、开关量、脉宽调制（PWM）、串行数字通信和并行数字输出等）。当然一个完整的检测系统还包括系统所需的交流/直流稳压电源和必要的输入设备（如拨动开关、按钮、数字拨码盘、数字键盘等），其各部分关系如图 0-1 所示。

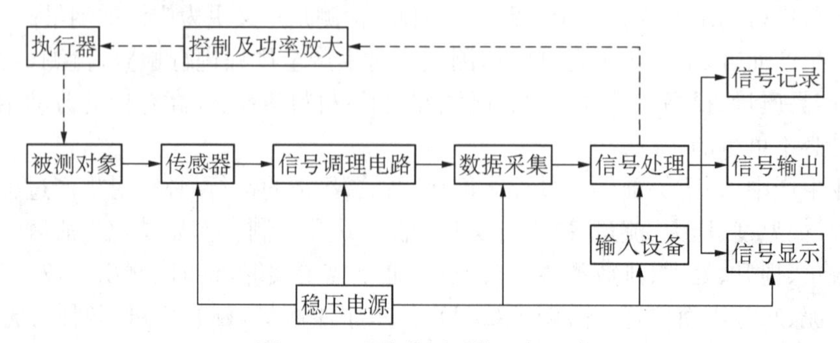

图 0-1　现代检测系统一般组成

1. 传感器

传感器是检测系统与被测对象直接发生联系的器件或装置。它的作用是感受指定被测参量的变化并按照一定规律转换成一个相应的便于传递的输出信号。传感器通常由敏感元件和转换部分组成，其中：敏感元件为传感器直接感受被测参量变化的部分；转换部分的作用通常是将敏感元件的输出转换为便于传输和后续处理的电信号。

例如，半导体应变片式传感器能将被测对象受力后微小的变形感受出来，通过一定的桥路转换成相应的电压信号输出。这样，通过测量传感器的输出电压便可知道被测对象的受力情况。这里应该说明，并不是所有的传感器均可清晰地区分敏感元件和转换部分的，有的传感器已将两部分合二为一，也有的仅有敏感元件（如热电阻、热电偶）而无转换部分，但人们仍习惯称其为传感器（如人们习惯称热电阻、热电偶为温度传感器）。

传感器种类繁多，其分类方法也较多。按被测参量分类，传感器可分为温度传感器、湿度传感器、位移传感器、加速度传感器、荷重传感器等；按工作原理分类，传感器可分为电阻式、电容式、电感式、压电式、超声波式、霍尔式等；按输出信号分类，传感器可分为模拟式传感器和数字式传感器两大类。采用按被测参量分类有利于人们按照目标对象的检测要求选用传感器，而采用按传感器工作原理分类有利于对传感器作研究、试验。

传感器作为检测系统的信号源，其性能的好坏将直接影响检测系统的精度和其他指标，是检测系统中十分重要的环节。本书主要介绍工程上涉及面较广、应用较多、需求量较大的自动检测技术与实现方法，以及如何选用合适的传感器，对传感器要求了解其工作原理和应用特点，而对如何提高现有各种传感器本身的技术性能，以及设计开发新的传感器则不作深入研究。

通常检测系统对传感器有如下要求：

(1) 准确性：传感器的输出信号必须准确地反映其输入量，即被测量变化。因此，传感器的输出与输入关系必须是严格的单值函数关系，最好是线性关系。

(2) 稳定性：传感器输入/输出的单值函数关系最好不随时间和温度而变化，受外界其他因素的干扰影响应要小，重复性要好。

(3) 灵敏度：即要求被测参量较小的变化就可使传感器获得较大的输出信号。

(4) 其他：如耐腐蚀性好、低能耗、输出阻抗小和成本相对较低等。

各种传感器输出信号形式也不尽相同，通常有电荷、电压、电流、频率等；在设计检测系统、选择传感器时对此也应给予重视。

2. 信号调理

信号调理在检测系统中的作用是对传感器输出的信号进行检波、转换、滤波和放大等，以方便检测系统后续处理或显示接收到的信号。例如，工程上常见的热电阻型数字温度检测(控制)仪表的传感器 Pt100 输出信号为热电阻值的变化，为了便于后续处理，通常设计一个四臂电桥，把随被测温度变化的热电阻阻值转换成电压信号；由于信号中往往夹杂着 50 Hz工频等噪声电压，故其信号调理电路通常包括滤波、放大、线性化等。

需要远距离传送的话，通常采取将 D/A 或 V/I 电路获得的电压信号转换成标准的 4～20 mA 电流信号后再进行远距离传送。检测系统种类繁多，复杂程度差异很大，信号的形式也多种多样，各系统的精度要求和性能指标要求各不相同，它们所配置的信号调理电路的多寡也不尽一致。对信号调理电路的一般要求是：

(1) 能准确转换、稳定放大、可靠地传输信号。

(2) 信噪比高，抗干扰性能好。

3. 数据采集

数据采集(系统)在检测系统中的作用是对信号调理后的连续模拟信号离散化并转换成与模拟信号电压幅度相对应的一系列数值信息，同时以一定方式把这些转换数据及时传递给微处理器或依次自动存储。数据采集系统通常以各类 A/D 转换器为核心，辅以模拟多路开关、采样/保持器、输入缓冲器、输出锁存器等组成。数据采集系统主要性能指标是：

(1) 输入模拟电压信号范围，单位为 V。

(2) 转换速度(率)，单位为次每秒。

(3) 分辨率，通常以模拟信号输入为满度时的转换值的倒数来表示。

(4) 转换误差，通常指实际转换数值与理想 A/D 转换器理论转换值之差。

4. 信号处理

信号处理模块是自动检测系统进行数据处理和各种控制的中枢环节，其作用与功能和人的大脑相类似。自动检测系统中的信号处理模块通常以各种型号的单片机、微处理器为核心来构建，对高频信号和复杂信号的处理有时需增加数据传输和运算速度快、处理精度高的专用高速数据处理器(DSP)或直接采用工业控制计算机。

当然由于检测系统种类和型号繁多,被测参量不同、检测对象和应用场合不同,用户对各检测仪表的测量范围、测量精度、功能的要求差别也很大。对检测系统的信号处理环节来说,只要能满足用户对信号处理的要求,则是越简单可靠、成本越低越好。对于一些容易实现的传感器输出信号强,用户对检测精度要求不高,只要求被测量不要超过某一上限值,一旦越限,送出声(喇叭或蜂鸣器)或光(指示灯)信号即可的检测仪表的信号处理模块,往往只需要设计一个可靠的比较电路,比较电路一端为被测信号,另一端为表示上限值的固定电平;当被测信号小于设定的固定电平值时,比较器输出为低,声/光报警器不动作,一旦被测信号电平大于固定电平,比较器翻转,经功率放大驱动扬声器/指示灯动作。这种简单系统的信号处理就很简单,只要一片集成比较器芯片和几个分立元件就可构成。但对于像热处理炉的炉温检测和控制系统来说,其信号处理电路将大大复杂化。因为热处理炉炉温测控系统,用户不仅要求系统高精度地实时测量炉温,而且还需要系统根据热处理工件的热处理工艺制定的时间-温度曲线进行实时控制(调节)。

如果采用一般通用的中小规模集成电路来构建这一类较复杂的检测系统的信号处理模块,则不仅构建技术难度很大,而且所设计的信号处理模块必然结构复杂、调试困难、性能和可靠性差。由于微处理器、单片机和大规模集成电路技术的迅速发展和这类芯片价格不断降低,对稍复杂一点的检测系统的信号处理环节都应考虑选用合适的单片机、微处理器、DSP或新近开始推广的嵌入式模块为核心来设计和构建(或者由工控机兼任),从而使所设计的检测系统获得更高的性能价格比。

5. 信号显示

通常人们都希望及时知道被测参量的瞬时值、累积值和其随时间的变化情况,因此,各类检测系统在信号处理器计算出被测参量的当前值后通常均需送各自的显示器作实时显示。显示器是检测系统与人联系的主要环节之一,显示器一般可分为指示式、数字式和屏幕式三种。

(1) 指示式显示:又称模拟式显示。被测参量数值的大小由光指示器或指针在标尺上的相对位置来表示。有形的指针位移用于模拟无形的被测量是较方便和直观的。指示式仪表有动圈式和动磁式多种形式,但均有结构简单、价格低廉和显示直观的特点,在检测精度要求不高的单参量测量显示场合应用较多。指针式仪表存在指针驱动误差和标尺刻度误差,这种仪表的读数精度和仪器的灵敏度均受标尺最小分度的限制,如果操作者读仪表示值站位不当就会引入主观读数误差。

(2) 数字式显示:以数字形式直接显示出被测参量数值的大小。在正常情况下,数字式显示彻底消除了显示驱动误差,能有效地克服读数的主观误差,相对指示式仪表可以提高显示和读数的精度,还能方便地与计算机连接和进行数据传输。因此,各类检测仪表和检测系统正越来越多地采用数字式显示方式。

(3) 屏幕显示:实际上是一种类似电视显示方法,具有形象性和易于读数的优点,又能同时在同一屏幕上显示一个或多个被测量(大量数据式)的变化曲线,有利于对它们进行比较和分析。屏幕显示器一般体积较大,价格与普通指示式显示器和数字式显示器相比要高得多;其显示通常需由计算机控制,对环境温度、湿度等指标要求较高,在仪表控制室、监控中心等环境条件较好的场合使用较多。

6. 信号输出

在许多情况下，检测系统在信号处理器计算出被测参量的瞬时值后除送显示器进行实时显示外，通常还需把测量值及时传送给控制计算机、可编程控制器(PLC)或其他执行器、打印机、记录仪等，从而构成闭环控制系统或实现打印(记录)输出。检测系统信号输出通常有4～20 mA、经D/A变换和放大后的模拟电压、开关量、脉宽调制(PWM)、串行数字通信和并行数字输出等多种形式，需根据检测系统的具体要求确定。

7. 输入设备

输入设备是操作人员和检测系统联系的另一主要环节，用于输入设置参数、下达有关命令等。最常用的输入设备是各种键盘、拨码盘、条码阅读器等。近年来，随着工业自动化、办公自动化和信息化程度的不断提高，通过网络或各种通讯总线利用其他计算机或数字化智能终端，实现远程信息和数据输入的方式越来越普遍。

8. 稳压电源

一个检测系统往往既有模拟电路部分，又有数字电路部分，通常需要多组幅值大小要求各异，但均需稳定的电源。这类电源在检测系统使用现场一般无法直接提供，通常只能提供交流220 V的工频电源或+24 V的直流电源。检测系统的设计者需要根据使用现场的供电情况及系统内部电路的实际需要，统一设计各组稳压电源，给系统各部分电路和器件分别提供它们所需要的稳定电源。

最后，值得一提的是，以上八个部分不是所有的检测系统都具备的，对于有些简单的检测系统，其各环节之间的界线也不是十分清楚，需根据具体情况进行分析。另外，在进行检测系统设计时，对于把以上各环节具体相连的传输通道，也应予以足够的重视。传输通道的作用是联系仪表的各个环节，给各环节的输入、输出信号提供通路。它可以是导线、管路(如光导纤维)或信号所通过的空间等。信号传输通道比较简单，易被人所忽视，如果不按规定的要求布置及选择，则易造成信号的损失、失真及引入干扰等，影响检测系统的精度。

0.3　自动检测系统的分类

随着科学技术的迅速发展，检测系统的种类不断增加，分类也不尽相同，工程上常用的几种分类法如下所述。

1. 按被测参量分类

常见的被测参量可分为以下几类。

(1) 电工量：电压、电流、电功率、电阻、电容、频率、磁场强度、磁通密度等。

(2) 热工量：温度、热量、比热、热流、热分布、压力、压差、真空度、流量、流速、物位、液位、界面等。

(3) 机械量：位移、形状、力、应力、力矩、重量、质量、转速、线速度、振动、加速度、噪声等。

(4) 物性和成分量：气体成分、液体成分、固体成分、酸碱度、盐度、浓度、黏度、粒度、密度、比重等。

(5) 光学量：光强、光通量、光照度、辐射能量等。

(6) 状态量：颜色、透明度、磨损量、裂纹、缺陷、泄漏、表面质量等。

严格地说，状态量范围更广，但是有些状态量由于习惯已分别归入热工量、机械量、成分量中，因此，在这里不再重复列出。

2. 按被测参量的检测转换方法分类

被测参量通常是非电物理或化学成分量，通常需用某种传感器把被测参量转换成电量，以便于作后续处理。被测量转换成电量的方法很多，最主要的有下列几类。

(1) 电磁转换：电阻式、应变式、压阻式、热阻式、电感式、互感式(差动变压器)、电容式、阻抗式(电涡流式)、磁电式、热电式、压电式、霍尔式、振频式、感应同步器、磁栅。

(2) 光电转换：光电式、激光式、红外式、光栅、光导纤维式。

(3) 其他能/电转换：声/电转换(超声波式)、辐射能/电转换(X射线式、β射线式、γ射线式)、化学能/电转换(各种电化学转换)。

0.4 检测技术的发展趋势

随着世界各国现代化步伐的加快，对检测技术的需求与日俱增；而科学技术，尤其是大规模集成电路技术、微型计算机技术、机电一体化技术、微机械和新材料技术的不断进步，大大促进了现代检测技术的发展。目前，现代检测技术发展总的趋势大体有以下几个方面。

1. 不断拓展测量范围，努力提高检测精度和可靠性

随着科学技术的发展，对检测系统的性能要求，尤其是精度、测量范围和可靠性指标要求越来越高。以温度为例，为满足某些科研实验的需求，要求研制不仅测温下限接近绝对零度−273.15℃，且测温范围尽可能达到15 K(约−258℃)的高精度超低温检测仪表；同时，某些场合需连续测量液态金属的温度或长时间连续测量2 500～3 000℃的高温介质温度。目前虽然已能研制和生产出最高上限超过2 800℃的热电偶，但测温范围一旦超过2 500℃，其准确度将下降，而且极易氧化从而严重影响其使用寿命与可靠性；因此，寻找能长时间连续准确检测上限超过2 000℃被测介质温度的新方法还在继续。

新材料和研制(尤其是适合低成本大批量生产)出相应的测温传感器是各国科技工作者许多年来一直努力试图解决的课题。目前，非接触式辐射型温度检测仪表测温上限原理上最高可达100 000℃以上，但与聚核反应优化控制理想温度约10^8℃相比还相差3个数量级，这说明超高温检测的需求远远高于当前温度检测所能达到的技术水平。仅在十余年前，在长度、位移检测中存在几丝的测量误差，就会被大家认为是高精度测量；但随着近几年许多国家大力开展微机电系统、超精细加工等高技术研究，“微米、纳米技术”很快成了人们熟知的词汇，这就意味着科技的发展迫切需要纳米级、甚至更高精度的检测技术和检测系统。

目前，除了超高温度、超低温度检测仍有待突破外，诸如混相流量检测、脉动流量检测、微差压(几十个帕)检测、超高压检测、高温高压下物质成分检测、分子量检测、高精度检测和大吨位重量检测等都是需要尽早攻克的检测课题。

各行各业随着自动化程度不断提高，其高效率的生产更依赖于各种检测、控制设备的安全可靠。努力研制在复杂的恶劣的测量环境下能满足用户所需精度要求，且能长期稳定工作的各种高可靠性检测系统将是检测技术的一个长期方向。对于航空航天和武备系统等特殊用途的检测仪器的可靠性要求更高。例如，在卫星上安装的检测仪器，不仅要求体积小、重量轻，而且既要耐高温，又要能在极低温和强辐射的环境下长期稳定工作，因此，所有检测

仪器都应具有极高的可靠性和尽可能长的使用寿命。

2. 传感器逐渐向集成化、组合式、数字化方向发展

鉴于传感器与信号调理电路分开，微弱的传感器信号在通过电缆传输的过程中容易受到各种电磁干扰，以及各种传感器输出信号形式众多，而使检测仪器与传感器的接口电路无法统一和标准化，实施起来颇为不便。随着大规模集成电路技术与产业的迅猛发展，采用贴片封装方式、体积很小的通用和专用集成电路越来越普遍，因此，目前已有不少传感器实现了敏感元件与信号调理电路的集成化和一体化，对外直接输出标准的 4～20 mA 电流信号，成为名符其实的变送器。这为检测仪器整机研发与系统集成提供了很大的方便，亦使得这类传感器身价倍增。另外，一些厂商把两种或两种以上的敏感元件集成于一体，而成为可实现多种功能新型组合式传感器。例如，将热敏元件、湿敏元件和信号调理电路集成于一体，一个传感器可同时完成温度和湿度的测量。

此外，还有厂商把敏感元件与信号调理/处理电路统一设计并集成化，成为能直接输出数字信号的新型传感器。例如，美国 DALLAS 公司推出的数字温度传感器 DS18B20，可测温度范围为－55℃～＋150℃，精度达到 0.5℃，封装和形状与普通小功率三极管十分相似，采用独特的一线制数字信号输出。

3. 重视非接触式检测技术研究

在检测过程中，把传感器置于被测对象上，敏感被测参量的变化，这种接触式检测方法通常比较直接可靠，测量精度较高；但在某些情况下，会因传感器的加入对被测对象的工作状态产生干扰，而影响测量的精度。甚至在有些被测对象上，根本不允许或不可能安装传感器，例如测量高速旋转轴的振动、转矩等。因此，各种可行的非接触式检测技术的研究越来越受到重视，目前已商品化的光电式传感器、电涡流式传感器、超声波检测仪表、核辐射检测仪表等应运而生。今后不仅需要继续改进和克服非接触式检测仪器易受外界干扰和绝对精度较低等问题，而且对一些难以采用接触式检测，或无法采用接触方式进行检测的，尤其是那些具有重大军事、经济或其他重要应用价值的非接触检测技术课题的研究投入会不断增加，非接触检测技术的研究、发展和应用步伐都将明显加快。

4. 检测系统智能化

近十年来，由于包括微处理器和单片机在内的大规模集成电路的成本和价格不断降低，功能和集成度不断提高，使得许多以单片机、微处理器或微型计算机为核心的现代检测仪器实现了智能化，这些现代检测仪器通常具有系统故障自测、自诊断、自调零、自校准、自选量程、自动测试、自动分选和自校正功能，强大数据处理和统计功能、远距离数据通信和输入输出功能，可配置各种数字通讯接口，传递检测数据和各种操作命令等，可方便地接入不同规模的自动检测、控制与管理信息网络系统。与传统检测系统相比智能化的现代检系统具有更高的精度和性价比。

正是由于智能化检测系统具有上述优点，所以其市场占有率多年来一直维持强劲的上升趋势。

第1章　检测技术基本概念

1.1　测量方法

实现被测量与标准量比较得出比值的方法，称为测量方法。针对不同测量任务进行具体分析，以找出切实可行的测量方法，对测量工作是十分重要的。

对于测量方法，从不同角度出发，有不同的分类方法。根据获得测量值的方法可分为直接测量、间接测量与组合测量；根据测量的精度因素情况可分为等精度测量与非等精度测量；根据测量方式可分为偏差式测量、零位式测量与微差式测量；根据被测量变化快慢可分为静态测量与动态测量；根据测量敏感元件是否与被测介质接触可分为接触测量与非接触测量等。常用的测量方法描述如下。

1. 直接测量、间接测量与组合测量

在使用仪表或传感器进行测量时，对仪表读数不需要经过任何运算就能直接表示测量所需要的结果的测量方法称为直接测量。例如，用磁电式电流表测量电路的某一支路电流，用弹簧管压力表测量压力等，都属于直接测量。直接测量的优点是测量过程简单而又迅速，缺点是测量精度不高。

在使用仪表或传感器进行测量时，首先对与测量有确定函数关系的几个量进行测量，将被测量代入函数关系式，经过计算得到所需要的结果，这种测量称为间接测量。间接测量步骤较多，花费时间较长，一般用在直接测量不方便或是缺乏直接测量手段的场合。

若被测量必须经过求解联立方程组，才能得到最后结果，则称这样的测量为组合测量。组合测量是一种特殊的精密测量方法，操作步骤复杂，花费时间长，多用于科学实验或特殊场合。

2. 等精度测量与非等精度测量

用相同的仪表(或同量程同精度的仪表)和相同的测量方法对同一被测量进行多次重复测量，称为等精度测量。

用不同精度的仪表或不同的测量方法，或在环境条件相差很大时对同一被测量进行多次重复测量称为非等精度测量。

3. 偏差式测量、零位式测量与微差式测量

用仪表指针的位移(即偏差)决定被测量的量值，这种测量方法称为偏差式测量。用这种方法测量时，仪表刻度事先用标准器具标定。在测量时，输入被测量，按照仪表指针在标尺上的显示值，决定被测量的数值。这种方法比较简单迅速，但测量结果精度较低。

用指零仪表的零位指示检测测量系统的平衡状态，在测量系统平衡时，用已知的标准量决定被测量的量值，这种测量方法称为零位式测量。在测量时，已知标准量直接与被测量相比较，已知量应连续可调，指零仪表指零时，被测量与已知标准量相等。例如天平、电位差计等。零位式测量的优点是可以获得比较高的测量精度，但测量过程比较复杂，费时较长，不适用于迅速变化的信号的测量。

微差式测量是综合了偏差式测量与零位式测量的优点而提出的一种测量方法。它将被测量与已知的标准量相比较，取得差值后，再用偏差法测得此差值。应用这种方法测量时，不需要调整标准量，而只需测量两者的差值。例设：N 为标准量，x 为被测量，ΔN 为二者之差，则 $x = N + \Delta N$。由于 N 是标准量，其误差很小，因此可选用高灵敏度的偏差式仪表测量 ΔN，即使测量 ΔN 的精度较低，但总的测量精度仍很高。微差式测量的优点是反应快，而且测量精度高，特别适用于在线控制参数的测量。

1.2　检测系统误差分析基础

1.2.1　测量误差的基本概念

1. 测量误差的定义

测量某一个物理量，是将它进行变换、放大、与标准量进行比较、显示或读出数据等环节的综合处理过程。由于检测系统不可能绝对精确、测量原理的局限性、测量方法的不完善性、环境因素的变化、外界干扰的存在以及测量过程可能会影响被测对象的原有状态等，使得测量结果不能准确地反映被测量的真值而存在一定的偏差，这个偏差就是测量误差。

2. 真值

一个物理量被严格定义的理论值通常叫理论真值，如三角形内角和为 180°。很多物理量的理论真值在实际中很难得到，常用约定真值或相对真值代替理论真值。

1) 约定真值

根据国际计量委员会通过并发布的各种物理量单位的定义，利用当今最先进科学技术制定各物理量单位的基准，这些值被公认为国际或国家基准，称为约定真值。

如国际单位制中长度的单位米，1983 年被定义为光在真空中 1/299 792 458 秒的时间内所通过的距离。在这之前，1960 年第十一届国际计量大会，通过了一米长度的定义为氪-86 原子从能量 $2P_{10}$ 至 $5d_5$ 跳跃时辐射线波长的 1 650 763.73 倍(真空中)。而质量单位千克，等于国际千克原器的质量，保存在国际计量局的 1 kg 铂铱合金原器就是 1 kg 质量的约定真值。时间单位的定义为：铯-133 原子基态的两个超精细能阶之间跃迁，所对应的辐射的 9 192 631 770个周期的持续时间为 1 秒的真值。

各国或各地通常利用这些约定真值的国际基准或国家基准进行传递，也可以对低一等级标准值(标准器)或标准仪器进行对比、计量和校准。而各地可用经过上级法定计量部门按照规定时间定期送检、校检过的标准器、标准仪表及修正值作为当地相应物理量单位的约定真值。

2) 相对真值

如果精度高一级检测仪器的误差为低一级检测仪器误差的 1/3～1/10，那么可以认为高一级的仪器对某物理量的测量值，为低一级仪器的测量值的相对真值。例如，电子秤称重精度通常高于杆秤的一个数量级，因此，电子秤的称重值为杆秤的相对真值。

测量是以确定量值为目的的一系列操作。所以，测量也就是将被测量与同种性质的标准量进行比较，确定被测量对标准量的倍数。它可由下式表示：

$$x = nu \tag{1-1}$$

式中：x——被测量值；

u——标准量，即测量单位；

n——比值(纯数)，含有测量误差。

由测量所获得的被测的量值叫测量结果。

测量结果可用一定的数值表示，也可以用一条曲线或某种图形表示。但无论其表现形式如何，测量结果均应包括两部分：比值和测量单位。确切地讲，测量结果还应包括误差部分。被测量值和比值等都是测量过程的信息，这些信息依托于物质才能在空间和时间上进行传递。参数因为承载了信息而成为信号。选择其中适当的参数作为测量信号，例如热电偶温度传感器的工作参数是热电偶的热电势，差压流量传感器中的孔板工作参数是差压 ΔP。测量过程就是传感器从被测对象获取被测量的信息，建立起测量信号，经过变换、传输和处理，从而获得被测量的量值。

3. 标称值

标称值是指在计量或测量器具上标注的量值。如天平的砝码上标注 10 g、尺子上标注 50 cm 等。这些测量器具在制造时由于条件的限制，它们的标称值和其真值间存在一定的误差，所以，使用这些值时存在不确定性，通常要根据其精度等级或误差范围进行估计其真值。

4. 示值

示值是测量仪器/系统指示或显示的数值，也叫测量值或读数。因为测量仪器/系统中传感器和信号处理的过程都不可避免地存在误差，再加上测量过程中环境因素和干扰的影响，所以，示值和理论真值间存在着误差。

5. 误差公理

实际测量过程中，由于测量仪器不准确、方法不完善、程序不规范以及环境因素的影响等，都会导致测量结果或多或少地偏离被测物理量的真值。测量的结果与真值之间总是存在着误差，也就说测量误差的存在是不可避免的，一切测量都具有误差，误差自始至终存在于所有的科学实验之中，这就是误差公理。

1.2.2 测量误差的表示方法

测量的目的是希望通过测量获取被测量的真实值。但由于种种原因，例如，传感器本身性能不够好，测量方法不够完善，以及外界干扰的影响等，都会造成被测参数的测量值与真实值不一致，两者不一致的程度用测量误差表示。

测量误差就是测量值与真实值之间的差值，它反映了测量质量的好坏。测量的可靠性至关重要，不同场合对测量结果可靠性的要求也不同。例如，在量值传递、经济核算、产品检验等场合应保证测量结果有足够的准确度。当测量值用作控制信号时，则要注意测量的稳

定性和可靠性。因此,测量结果的准确程度应与测量的目的与要求相联系、相适应,那种不惜成本不顾场合,一味追求准确度的做法是不可取的,要有技术与经济兼顾的意识。

检测系统的基本误差通常有如下几种表示形式。

1. 绝对误差

检测系统的测量值 x 与被测量真值 x_0 的代数差值 Δx 称为检测系统测量值的绝对误差,表示为

$$\Delta x = x - x_0 \tag{1-2}$$

式中,真值可以是约定真值,也可以是由高精度标准仪器所测得的相对真值。绝对误差 Δx 说明了系统示值偏离真值的大小,其值可正可负,具有和被测量相同的量纲单位。

2. 相对误差

检测系统测量值(即示值)的绝对误差 Δx 与被测参量真值 x_0 的比值,称为检测系统测量(示值)的相对误差 δ,常用百分数表示:

$$\delta = \frac{\Delta x}{x_0} \times 100\% = \frac{x - x_0}{x_0} \times 100\% \tag{1-3}$$

用相对误差通常比绝对误差能更好地说明不同测量的精确程度,一般来说相对误差值较小,其测量精度就较高;相对误差本身没有量纲。

在评价检测仪表的精度或测量质量时,利用相对误差作为衡量标准有时也不准确。如利用有确定精度等级的检测仪表,测量一个靠近测量范围下限的小值,计算得到的相对误差,往往比用一个接近上限的仪表测量得到的相对误差大。故用下面的引用误差的概念来评价测量的质量更为准确。

3. 引用误差

检测系统指示值的绝对误差 Δx 与仪表量程 L 之比值,称为检测系统测量值的引用误差 γ。在评价检测系统的精度或不同的测量质量时,利用相对误差作为衡量标准有时也不很准确。引用误差 γ 通常以百分数表示:

$$\gamma = \frac{\Delta x}{L} \times 100\% \tag{1-4}$$

式中:γ——引用误差;

Δx——绝对误差;

L——仪表的量程。

引用误差用量程代替相对误差中的测量点的真值,使用起来方便,但分子仍然为绝对误差,当测量值为检测范围内不同数值时,各点的绝对误差也可能不同,为了衡量仪表的精度水平,仪表精度等级是根据最大引用误差来确定的。

4. 最大引用误差(或满度最大引用误差)

在规定的工作条件下,当被测量平稳增加和减少时,在检测系统全量程所有测量值引用误差(绝对值)的最大者,或者说所有测量值中最大绝对误差(绝对值)与量程的比值的百分数,称为该系统的最大引用误差,符号为 γ_{max},可表示为

$$\gamma_{max} = \left|\frac{\Delta x_{max}}{L}\right| \times 100\% \tag{1-5}$$

最大引用误差是检测系统基本误差的主要形式，故也常称为检测系统的基本误差。它是检测系统的最主要质量指标，可以很好地表征检测系统的测量精度。

1.2.3 检测仪器的精度等级与容许误差

1. 精度等级

工业检测系统用最大引用误差作为精度等级的标志，即用最大引用误差的绝对值去掉百分号来表示，精度等级用 G 表示。

为了统一和方便使用，国家标准 GB766－76《测量指示仪表通用技术条件》规定，测量指示仪表的精度等级 G 分为：0.1、0.2、0.5、1.0、1.5、2.5、5.0 七个等级，这也是工业检测系统常用的等级。生产仪表厂家根据其产品最大引用误差的大小，以选大不选小的原则就近套用上述精度等级，作为其仪表产品的精度等级。

例如，量程为 0～1 000 V 的数字电压表，如果其整个量程中最大绝对误差为 1.05 V，则有

$$\gamma_{\max} = \left|\frac{\Delta x}{L}\right| \times 100\% = \frac{1.05}{1\,000} \times 100\% = 0.105\%$$

由于 0.105 不是标准化精度等级值，因此需要就近套用标准化精度等级值。0.105 位于 0.1 级和 0.2 级之间，尽管该值与 0.1 更为接近，但按选大不选小的原则该数字电压表的精度等级 G 应为 0.2 级。所以，0.5 级表的引用误差的最大值不超过±0.5%，1.0 级表的引用误差的最大值不超过±1%。

因此，任何符合计量规范的检测仪器都要满足

$$|\gamma_{\max}| \leqslant G\% \tag{1-6}$$

由此可见，仪表的精度等级是反映仪表性能的最主要的指标，它充分地说明了仪表的测量精度，可较好地用于评估检测仪表在正常工作时单次测量的误差范围。

2. 容许误差

容许误差是指检测仪器在规定使用条件下可能产生的最大误差范围，它也是衡量检测仪器质量的重要指标之一。检测仪器的准确度、稳定度等指标都可用容许误差来表征。按照颁部标准 SJ943－82《电子仪器误差的一般规定》，容许误差可用工作误差、固有误差、影响误差和稳定性误差来描述，通常直接用绝对误差表示。

1）工作误差

工作误差是指检测仪器在规定工作条件下正常工作时可能产生的最大误差。即当仪器外部环境的各种影响、仪器内部的工作状况以及被测对象的状态为任意组合时，仪器工作所能产生的最大误差值。这种表示方式的优点是使用方便，可利用工作误差直接估计测量结果误差的最大范围。缺点是由于工作误差是在最不利组合下给出的，而在实际测量中环境条件、仪表本身和被测对象所有最不利组合出现的概率很小，所以，用工作误差来估计平时某次正常测量误差，往往偏大。

2）固有误差

当环境和各种试验条件均处于基准条件时，检测仪器所反映出来的误差称为固有误差。由于基准条件比较严格，所以，固有误差可以比较准确地反映仪器本身所固有的技术性能。

3）影响误差

影响误差是指仅有一个参量处在检测仪器规定的工作范围内，而其他所有参量均处在基准条件时检测仪器所产生的误差，如环境温度变化产生的误差、供电电压波动产生的误差等。影响误差可用于分析检测仪器误差的主要构成，以及寻找减少和降低仪器误差的主要方法。

4）稳定性误差

稳定性误差是指在规定的时间内，仪表工作条件保持不变，检测仪器各测量值与其标称值间的最大偏差。用稳定性误差估计平时某次正常测量误差，通常比实际测量误差偏小。

工程上，常用工作误差和稳定性误差结合来估计平时的测量误差及其范围，评价检测仪器在正常使用时所具有的实际精度。

一般情况下，仪表精度等级的数字愈小，仪表的精度愈高。如0.5级的仪表精度优于1.0级仪表，而劣于0.2级仪表。工程上，单次测量值的误差通常用检测仪表的精度等级来估计。但值得注意的是，精度等级高低仅说明该检测仪表的引用误差最大值的大小，它决不意味着该仪表某次实际测量中出现的具体误差值是多少。

例1.1 被测电压实际值大约为21.7 V，现有四种电压表，分别是精度为1.5级、量程为0～30 V的A表，精度为1.5级、量程为0～50 V的B表，精度为1.0级、量程为0～50 V的C表，以及精度为0.2级、量程为0～360 V的D表，请问选用哪种规格的电压表进行测量所产生的测量误差较小？

解：根据式(1－5)分别用四种表进行测量，由此可能产生的最大绝对误差分别如下所示：

A表有

$$|\Delta\chi_{\max}| = |\gamma_{\max}| \times L = 1.5\% \times 30 = 0.45\ \text{V}$$

B表有

$$|\Delta\chi_{\max}| = |\gamma_{\max}| \times L = 1.5\% \times 50 = 0.75\ \text{V}$$

C表有

$$|\Delta\chi_{\max}| = |\gamma_{\max}| \times L = 1.0\% \times 50 = 0.50\ \text{V}$$

D表有

$$|\Delta\chi_{\max}| = |\gamma_{\max}| \times L = 0.2\% \times 360 = 0.72\ \text{V}$$

答：四者比较，选用A表进行测量所产生的测量误差通常较小。

由上例不难看出，检测仪表产生的测量误差不仅与所选仪表的精度等级G有关，而且与所选仪表的量程有关。通常量程L和测量值x相差越小，测量准确度越高。所以，在选择仪表时，应选择测量值尽可能接近的仪表量程。

1.2.4 测量误差的分类

从不同的角度，测量误差可有不同的分类方法。根据测量误差的性质(或出现的规律)和产生的原因通常可分为系统误差、随机误差和粗大误差三类。

1. 系统误差

在相同条件下，多次重复测量同一被测参量时，其测量误差的大小和符号保持不变，或在条件改变时，误差按某一确定的规律变化，这种测量误差称为系统误差。误差值恒定不变的又称为定值系统误差，误差值变化的则称为变值系统误差。变值系统误差又可分为累进性误差、周期性误差和按复杂规律变化的误差几种。

系统误差的特征是测量误差出现的有规律性和产生原因的可知性。系统误差产生的原因和变化规律一般可通过实验和分析查出。因此，系统误差可被设法确定并消除。

测量结果的准确度由系统误差来表征，系统误差越小，表明测量的准确度越高。

1）系统误差出现的原因

系统误差出现的原因，主要有下列5项：

（1）仪表误差。仪表误差是指由于测量使用的仪表或仪表组成的元件本身不完善所引起的误差。例如，仪表的刻度误差、仪表灵敏度误差、仪表电路的变换器或放大器本身的误差。此项误差最为常见。

（2）测量方法误差。测量方法误差是指由于测量方法不够完善而引起的误差，例如测量电流时没有考虑到电流表会引起的分流作用，使得测量结果不准确。

（3）理论误差。由于测量理论本身不够完善而只能进行近似的测量所引起的误差。例如，测量任意波形电流的有效值，理论上应该实现完整的均方根变换，但通常以折线近似替代真实曲线，从而引起误差。

（4）仪器安置误差。由于测量仪表的安装或放置不合理或不正确所引起的误差。例如，流量仪表传感器前后都有一定长度的直管段的要求，如果没有按照要求进行安装，就会引起测量误差。

（5）环境误差。由于测量仪表工作的环境不是仪表校验时的标准状态，而是随时在变化的，会引起测量仪表的测量误差。

2）减小或消除系统误差

在测量过程中，若发现测量数据中存在系统误差，则需要作进一步地分析比较，找出产生系统误差的原因，进而采取合适的方法减小系统误差。由于产生系统误差的因素很多，有时是若干因素共同作用形成的，因而显得更加复杂，难以找到一种普遍有效的消除和减小系统误差的方法。下面几种是最常用的减小系统误差的方法。

（1）在测量结果中进行修正已知的系统误差，可以用修正值对测量结果进行修正；对于变值系统误差，设法找出误差的变化规律，用修正公式或修正曲线对测量结果进行修正；对未知系统误差，则按随机误差进行处理。

（2）消除系统误差的根源。在测量之前，仔细检查仪表，正确调整和安装；防止外界干扰；选好观测位置，消除视差；选择外界环境条件比较稳定时进行读数等。

（3）在测量系统中采用补偿措施。找出系统误差的规律，在测量过程中自动消除系统误差。如用热电偶测量温度时，热电偶参考端温度变化会引起系统误差，消除此误差的办法之一是在热电偶回路中加一个冷端补偿器，从而进行自动补偿。

（4）实时反馈修正。由于自动化测量技术及微机的应用，可用实时反馈修正的办法来消除复杂的变化系统误差。当查明某种误差因素的变化对测量结果有明显的影响时，要尽可能找出其影响测量结果的函数关系或近似的函数关系。在测量过程中，用传感器将这些

误差因素的变化转换成某种物理量形式(一般为电量),及时按照其函数关系,通过计算机算出影响测量结果的误差值,对测量结果作实时的自动修正。

2. 随机误差

在测量中,当系统误差已设法消除或减小到可以忽略的程度时,如果测量数据仍有不稳定的现象,说明系统存在随机误差。随机误差是指在相同条件下多次重复测量同一被测参量时,测量误差的大小与符号均无规律变化。随机误差主要是由于检测仪器或测量过程中某些未知或无法控制的随机因素综合作用的结果,这些因素包括仪器的某些元器件性能不稳定,外界温度、湿度变化,空中电磁波扰动,电网的畸变与波动等。随机误差的变化通常难以预测,因此也无法通过实验方法确定、修正和消除。但是通过足够多的测量比较可以发现随机误差服从某种统计规律(如正态分布、均匀分布、泊松分布等)。

通常用精密度表征随机误差的大小。精密度越低随机误差越大;反之,随机误差就越小。

3. 粗大误差

粗大误差是指明显超出规定条件下预期的误差。其特点是误差数值大,明显歪曲了测量结果。粗大误差一般由外界重大干扰、仪器故障或不正确的操作等引起。存在粗大误差的测量值称为异常值或坏值,一般容易发现,发现后应立即剔除。也就是说,正常的测量数据应是剔除了具有粗大误差的数据,所有我们通常研究的测量结果误差中仅包含系统和随机两类误差。

系统误差和随机误差虽然是两类性质不同的误差,但两者并不是彼此孤立的。它们总是同时存在并对测量结果产生影响。许多情况下,我们很难把它们严格区分开来,有时不得不把并没有完全掌握或分析起来过于复杂的系统误差当作随机误差来处理。例如,生产一批应变片,就每一只应变片而言,它的性能、误差是完全可以确定的,属于系统误差。但是由于应变片生产批量大和误差测定方法的限制,不允许逐只进行测定,只能在同一批产品中按一定比例抽测,其余未测的只能按抽测误差来估计。这一估计具有随机误差的特点,是按随机误差方法来处理的。

同样,一些如环境温度、电源电压波动等因素所引起的随机误差,当掌握它的确切规律后,就可视为系统误差并设法修正。

由于在任何一次测量中,系统误差与随机误差一般都同时存在,所以常按其对测量结果的影响程度分三种情况来处理:系统误差远大于随机误差时,此时仅按系统误差处理;系统误差很小,已经校正,则可仅按随机误差处理;系统误差和随机误差差不多时,应分别按不同方法来处理。

精度是反映检测仪器的综合指标,精度高必须做到准确度高、精密度也高,也就是说必须使系统误差和随机误差都很小。

综上所述,在对重复测量所得的一组测量值进行数据处理之前,首先应将具有粗大误差的可疑数据找出来剔除掉。但是,人们绝对不能凭主观意愿对数据进行任意取舍,而是要有一定的根据。原则就是要判断这个可疑值的误差是否处于随机误差的范围之内,是则留,不是则弃。

思考与习题

1. 测量系统是怎样构成的？

2. 按照在测量过程中是否向被测量对象施加能量进行分类，测量系统可分为什么类型？按照信号在测量系统传输方向可以将测量系统分为什么类型？

3. 什么是测量方法？

4. 什么是测量误差？什么是真值？什么是约定真值和相对真值？

5. 什么是误差公理？

6. 某同学用量程为200 V的电压表，测量某标准为90 V的电压时，测量值为90.8 V，求该测量的绝对误差和相对误差。

7. 某同学用量程为20 mA电流表，测量出标准电流为2 mA、5 mA、8 mA、9 mA的值分别为2.08 mA、5.12 mA、8.09 mA、9.16 mA，如果该测量中反映了这一量程的最大误差，那么其引用误差是多少？该仪表的精度等级是多少？

8. 被测电压实际值约为20 V，现有四种电压表：精度为1.5级、量程为0～30 V的A表；精度为1.5级、量程为0～50 V的B表；精度为1.0级、量程为0～50 V的C表；精度为0.2级、量程为0～360 V的D表。请问选用哪种规格的电压表进行测量产生的测量误差较小？

9. 已知待测拉力约为70 N。现有两只测力仪表，一只精度为0.5级，量程为0～500 N；另一只精度为1.0级，量程为0～100 N。请问选用哪一只测力仪表较好？为什么？

10. 按误差的性质分类，误差分为哪些类型？

11. 3个串联电阻分别采用3个电压表测量电压，测量值为100.6 V、120.456 V、50.26 V，则总电压是多少？（考虑有效数字）

12. 如何发现测量系统误差？

13. 有一组测量值为28.2、28.5、27.9、28.1、28.5、27.8、27.7，求测量结果。

第 2 章　电阻式传感器

电阻式传感器是一种把位移、力、压力、加速度、扭矩等非电物理量转换为电阻值变化的传感器。电阻式传感器按照工作原理可以分为电位器式传感器、应变片式电阻传感器等。电阻式传感器与相应的测量电路组成的测力、测压、称重、测位移、测加速度、测扭矩等测量仪表是冶金、电力、交通、石化、商业、生物医学和国防等行业进行自动称重、过程检测和实现生产过程自动化不可缺少的系统之一。

2.1　电位器式传感器

电位器式传感器是一种常用的电子元件，广泛应用于各种电器和电子设备中。它是一种把机械的线位移和角位移转换为与其成一定函数关系的电阻和电压并输出的传感元件。主要用于测量压力、高度、加速度等参数。电位器式传感器具有很多优点，如结构简单，价格低廉，性能稳定，能承受恶劣环境条件，输出功率大等，而且电位器式传感器一般不需要对输出信号放大就可以直接驱动伺服元件和显示仪表。其缺点是精度不高，动态响应较差，不适于快速变化参数的测量。

2.1.1　电位器的结构及原理

常用的电位器式传感器如图 2－1 所示，主要有直线位移型、角位移型和非线性型。由于测量参数的不同，三种电位器式传感器结构和材料也有所不同，但是其基本结构是相似的。电位器式传感器通常都是由电阻元件（包括骨架和金属电阻丝）和电刷（活动触点）两个基本部分组成，如图 2－2 所示。

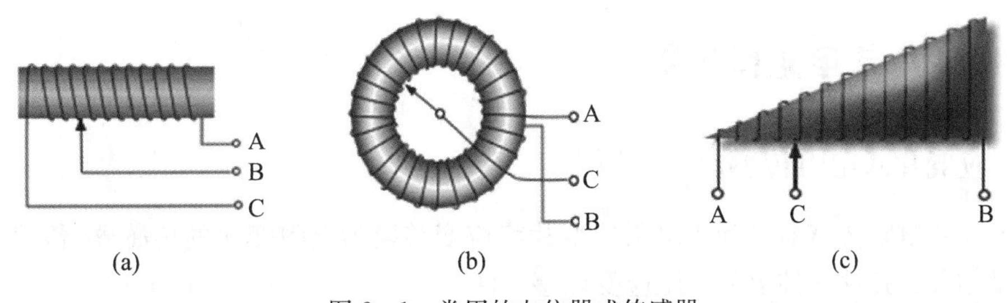

图 2－1　常用的电位器式传感器

（a）直线位移型电位器式传感器　（b）角位移型电位器式传感器　（c）非线性型电位器式传感器

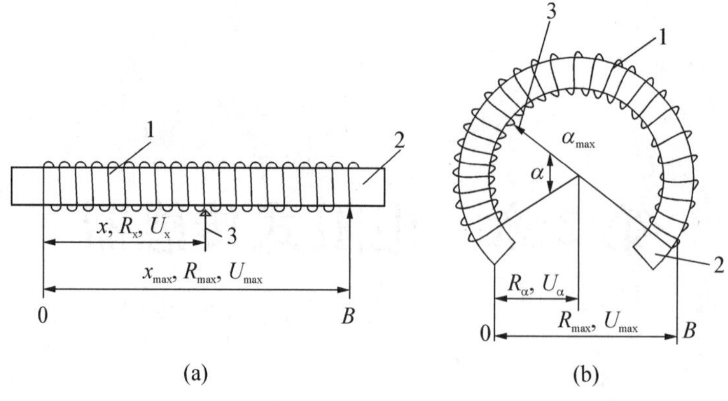

图 2-2 典型的电位器式传感器的结构原理

(a) 直线位移式 (b) 转角位移式

1—金属电阻丝；2—骨架；3—电刷

由图 2-2 可知，当有机械位移时，电位器的动触点产生位移，而改变了动触点相对于电位参考点(0 点)的电阻 R_x，从而实现了非电量(位移)到电量(电阻值或电压值)的转换。

电阻变化

$$R_x = R/L \times x = k_R x \tag{2-1}$$

相应电刷位移 x 的电压输出 U_0 为

$$U_0 = U/R \times x = k_S x \tag{2-2}$$

式中：k_R——电位器的电阻灵敏度；

k_S——电位器的电压灵敏度。

当电阻丝直径与材质一定时，电阻 R 随导线长度 L 而变化。

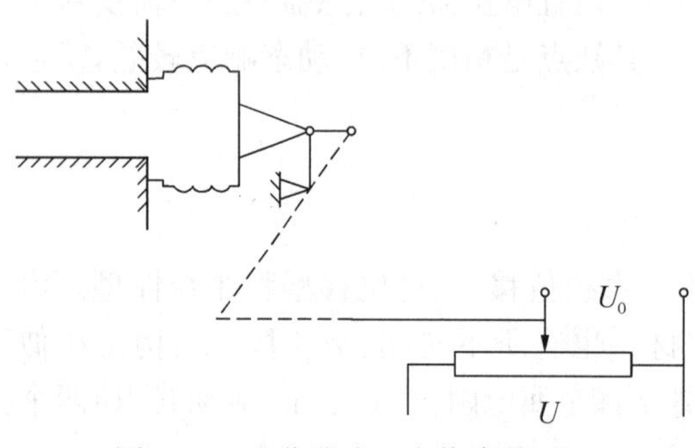

图 2-3 电位器式压力传感器原理

2.1.2 电位器式传感器应用举例

电位器式压力传感器如图 2-3 所示，弹性敏感元件波纹管在被测压力 P 的作用下，产生弹性位移，通过连杆带动电位器的电刷在电阻丝上滑动，从而输出一个与被测压力成比例的电压信号。

2.2 应变片式电阻传感器

2.2.1 应变片式电阻传感器工作原理

应变片式电阻传感器是利用电阻应变片将应变转换为电阻变化的传感器，传感器的主要元件是粘贴在弹性元件上的电阻应变敏感元件。

当被测物理量作用在弹性元件上时，弹性元件的变形引起应变敏感元件的阻值变化，通过转换电路将其转变成电量输出，电量变化的大小反映了被测物理量的大小。应变片式电阻传感器是目前测量力、力矩、压力、加速度、重量等物理参数中应用最广泛的传感器。

电阻应变片的工作原理是基于应变效应，即在导体产生机械变形时，它的电阻值会相应的发生变化。如图 2－4 所示，一根金属电阻丝，在其未受力时，原始电阻值为

$$R = \frac{\rho L}{S} \tag{2-3}$$

式中：ρ——电阻丝的电阻率；

L——电阻丝的长度；

S——电阻丝的截面积。

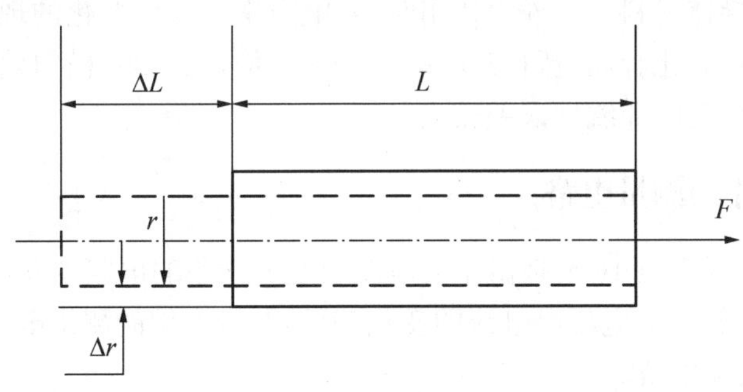

图 2－4　金属电阻丝的应变效应

当电阻丝受到拉力 F 的作用时，将伸长 ΔL，横截面积相应减小 ΔS，电阻率将因晶格发生变形等因素而改变 $\Delta\rho$，故引起电阻值相对变化量为

$$\frac{\Delta R}{R} = \frac{\Delta L}{L} - \frac{\Delta S}{S} + \frac{\Delta\rho}{\rho} \tag{2-4}$$

式中：$\Delta L/L$ 为长度相对变化量，用应变 ε 表示，即

$$\varepsilon = \frac{\Delta L}{L} \tag{2-5}$$

$\Delta S/S$ 为圆形电阻丝的截面积相对变化量，即

$$\frac{\Delta S}{S} = \frac{2\Delta r}{r} \tag{2-6}$$

用应变片测量应变或应力时，根据上述原理，在外力作用下，当被测对象产生微小的机械变形时，应变片随着发生相同的变化，同时其电阻值也发生相应的变化。当测得应变片电阻值变化量 ΔR 时，便可得到被测对象的应变值，这就是利用应变片测量应变的基本原理。

2.2.2　电阻应变片的种类

电阻应变片品种繁多，形式多样。常用的应变片可分为两类：金属电阻应变片和半导体电阻应变片。

金属应变片由敏感栅、基片、覆盖层和引线四部分组成，如图 2－5 所示。敏感栅是应变片的核心部分，它被粘贴在绝缘的基片上，其上再粘贴起保护作用的覆盖层，两端焊接引出导线。

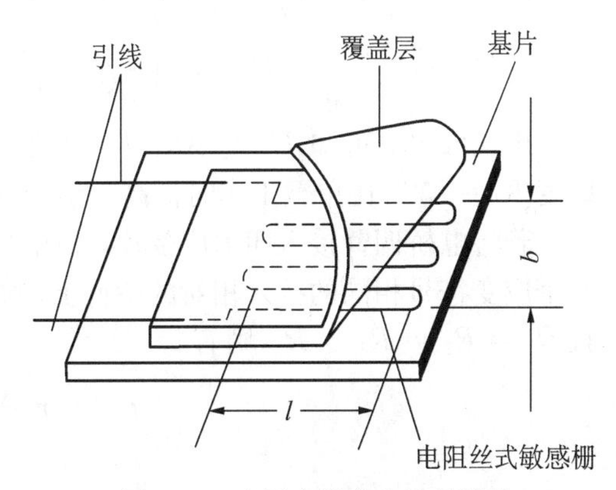

图 2－5　金属电阻应变片的结构

金属电阻应变片的敏感栅有丝式、箔式和薄膜式三种。

箔式应变片是利用光刻、腐蚀等工艺制成的一种很薄的金属箔栅，其厚度一般在0.003～0.01 mm。其优点是散热性好，允许通过的电流较大，可制成各种所需的形状，便于批量生产。薄膜应变片采用真空蒸发或真空沉淀等方法在薄的绝缘基片上形成厚度小于0.1 μm的金属电阻薄膜作为敏感栅，最后再加上保护层。它的优点是应变灵敏度系数大，允许的电流密度大，工作范围广。

半导体应变片是用半导体材料制成的，其工作原理是基于半导体材料的压阻效应。所谓压阻效应，是指半导体材料在受外力作用时，其电阻率 ρ 发生变化的现象。半导体应变片的突出优点是灵敏度高，比金属电阻应变片高 50～80 倍，尺寸小，横向效应小，动态响应好。但它温度稳定性差，应变时非线性误差较大。

2.2.3 电阻应变片的测量电路

由于机械应变一般都很小，要把微小的应变引起的微小的电阻变化测量出来，同时要把电阻相对变化 $\Delta R/R$ 转换为电压或电流的变化，就需要有专用的测量电路，目前常用的测量电路有直流电桥和交流电桥。

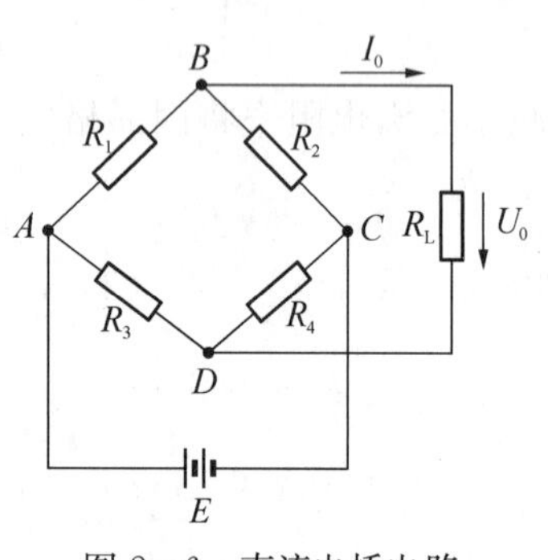

图 2-6　直流电桥电路

1. 直流电桥

1）直流电桥平衡条件

如图 2-6 所示为直流电桥电路，其中 E 为电源，R_1、R_2、R_3 及 R_4 为 4 个桥臂电阻，R_L 为负载电阻。由图可知，负载电阻 R_L 两端的输出电压 U_0 为

$$U_0 = E\left(\frac{R_1}{R_1+R_2} - \frac{R_3}{R_3+R_4}\right)$$

当电桥平衡时，$U_0=0$，则有

$$R_1R_4 = R_2R_3 \tag{2-7}$$

式(2-7)称为电桥平衡条件。这说明欲使电桥平衡，其相邻两臂电阻的比值要相等，或相对两臂电阻的乘积必须相等。

2）差动电桥

在实际应用中常采用如图 2-7 所示的差动电桥，在试件上安装两个工作应变片，一个受拉应变，一个受压应变，接入电桥相邻桥臂，称为半桥差动电路，该电桥的输出电压为

$$U_0 = E\left(\frac{\Delta R_1 + R_1}{\Delta R_1 + R_1 + R_2 - \Delta R_2} - \frac{R_3}{R_3+R_4}\right) \tag{2-8}$$

由式(2-8)可知，U_0 与 $\Delta R_1/R_1$ 呈线性关系，差动电桥无非线性误差，而且电桥电压灵敏度 $K_U=E/2$，比单臂工作时提高一倍，同时还具有温度补偿作用。

若将电桥四臂接入四个应变片，如图 2-7(b)所示，即两个受拉应变，两个受压应变，将两个应变符号相同的接入相对的桥臂上，构成全桥差动电路，若 $\Delta R_1 = \Delta R_2 = \Delta R_3 = \Delta R_4$，且 $R_1 = R_2 = R_3 = R_4$，则有

$$U_0 = E\frac{\Delta R_1}{R_1} \text{ 和 } K_U = E$$

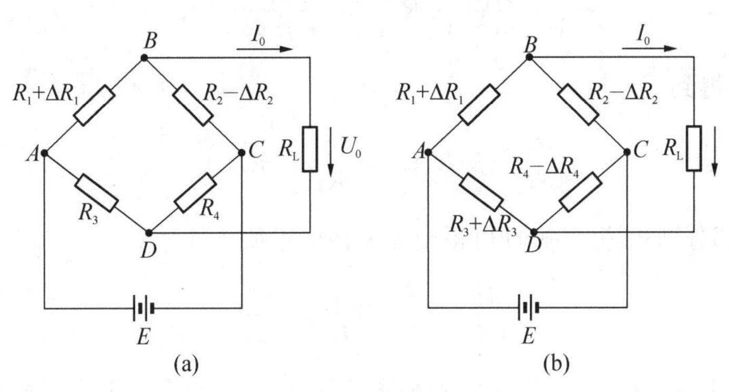

图 2-7　差动电桥电路

此时全桥差动电路不仅没有非线性误差，而且电压灵敏度是单片的 4 倍，同时仍具有温度补偿作用。

2. 交流电桥

根据直流电桥分析可知，由于应变电桥输出电压很小，一般都要加放大器，而直流放大器易于产生零漂，因此应变电桥多采用交流电桥，如图 2-8(a)所示。其中，$\dot{U}$为交流电压源，$\dot{U}_0$ 为开路输出电压。

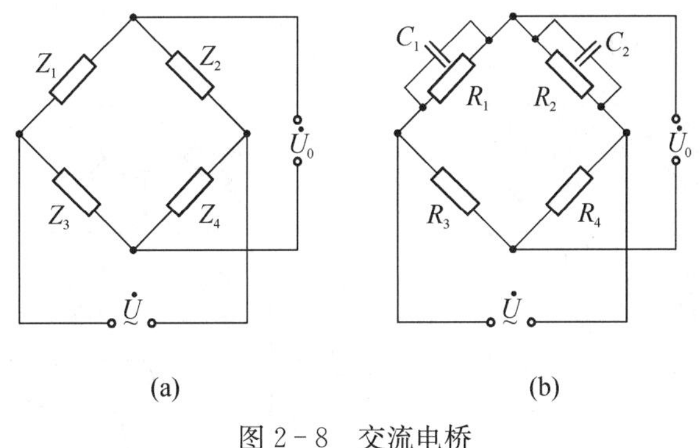

图 2-8　交流电桥

由于电桥电源为交流电源，引线分布电容使得二桥臂应变片呈现复阻抗特性，即相当于二只应变片各并联了一个电容，如图 2-8(b)所示。则每一桥臂上复阻抗分别为

$$Z_1=\frac{R_1}{R_1+jwR_1C_1},\ Z_2=\frac{R_2}{R_2+jwR_2C_2},\ Z_3=R_3,\ Z_4=R_4 \tag{2-9}$$

式中，C_1、C_2 表示应变片引线分布电容，由交流电路分析可得

$$\dot{U}_0=\frac{\dot{U}(Z_1Z_4-Z_2Z_3)}{(Z_1+Z_2)(Z_3+Z_4)} \tag{2-10}$$

要满足电桥平衡条件，即 $\dot{U}_0=0$，则有 $Z_1Z_4=Z_2Z_3$。

取 $Z_1=Z_2=Z_3=Z_4$，将式(2-9)代入式(2-10)，可得电桥平衡必须满足

$$\frac{R_1}{1+jwR_1C_1}R_4=\frac{R_2}{1+jwR_2C_2}R_3$$

进一步整理得到

$$\frac{R_3}{R_1}+jwR_1C_1=\frac{R_4}{R_2}+jwR_2C_2 \tag{2-11}$$

其实部、虚部分别相等，并整理可得交流电桥的平衡条件为

$$\frac{R_2}{R_1}=\frac{R_4}{R_3}\text{及}\frac{R_2}{R_1}=\frac{C_1}{C_2} \tag{2-12}$$

对这种交流电容电桥，除要满足电阻平衡条件外，还必须满足电容平衡条件。为此在桥路上除设有电阻平衡调节外还设有电容平衡调节。电桥平衡调节电路如图 2-9 所示。

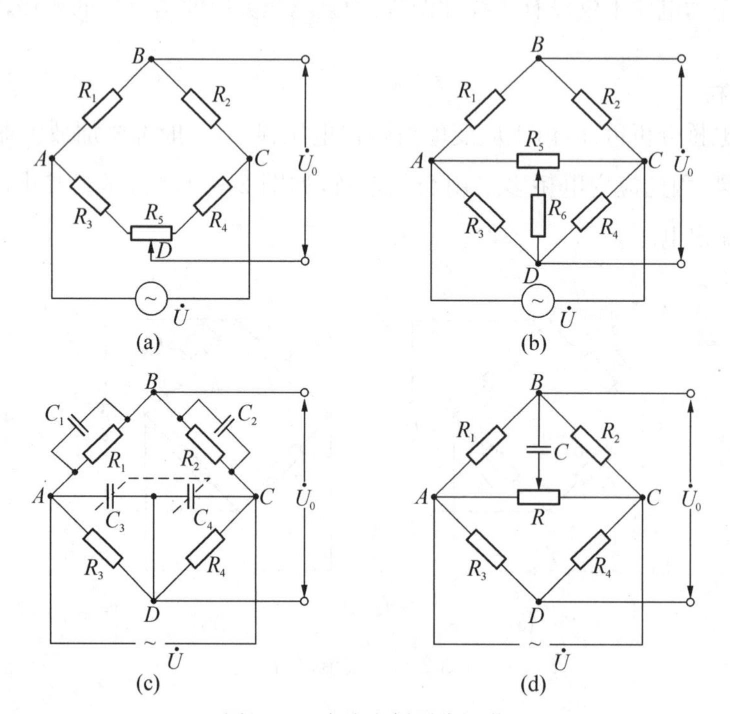

图 2-9　交流电桥平衡调节

2.2.4　应变式电阻传感器的应用

1. 应变式力传感器

被测物理量为重荷或力的应变式传感器，统称为应变式力传感器。其主要用作各种电子秤与材料试验机的测力元件、发动机的推力测试和水坝坝体承载状况监测等。

应变式力传感器要求有较高的灵敏度和稳定性，当传感器在受到侧向作用力或力的作用点发生轻微变化时，不应对输出有明显的影响。

图 2-10 为柱式、筒式力传感器，应变片粘贴在弹性体外壁应力分布均匀的中间部分，对称地粘贴多片，贴片在圆柱面上位置及其在桥路中的连接如图 2-10(c)、(d)所示，R_1 和

R_3 串接，R_2 和 R_4 串接，并置于桥路对臂上以减小弯矩影响，横向贴片作温度补偿用。

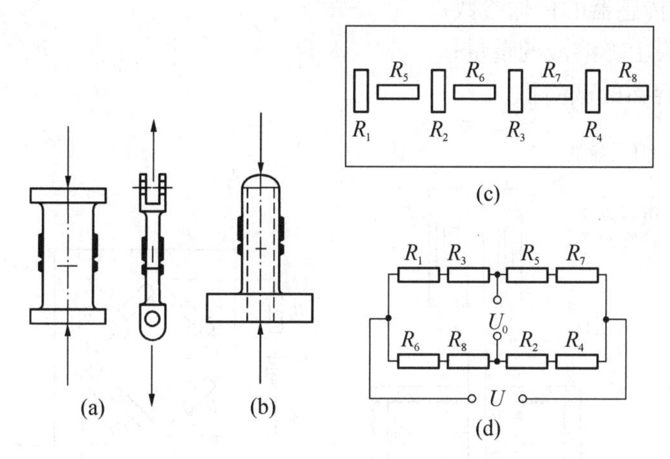

图 2－10　圆柱(筒)式力传感器

(a) 柱形　(b) 筒形　(c) 圆柱面展开图　(d) 桥路连线图

2. 应变式压力传感器

应变式压力传感器主要用来测量流动介质的动态或静态压力。如动力管道设备的进出口气体或液体的压力变化、发动机内部的压力变化、枪管及炮管内部的压力、内燃机管道的压力等。应变片压力传感器大多采用膜片式或筒式弹性元件。图 2－11 为膜片式压力传感器，应变片贴在膜片的内壁上。

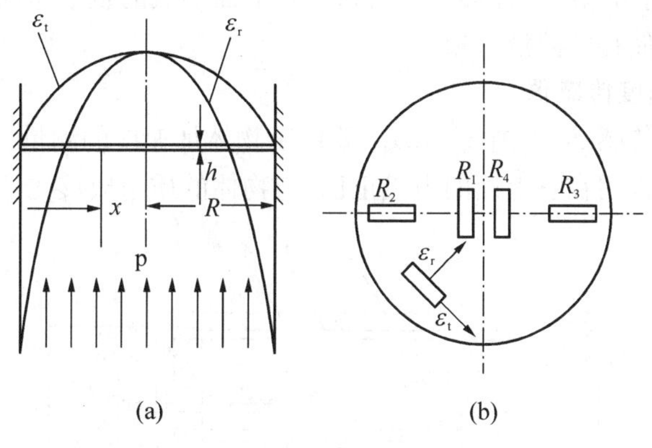

图 2－11　膜片式压力传感器

(a) 应变变化图　(b) 应变片粘贴

3. 应变式容器内液体重量传感器

图 2－12 是插入式测量容器内液体重量传感器示意图。该传感器有一根传压杆，上端安装微压传感器，为了提高灵敏度，共安装了两只；下端安装感压膜，感压膜感受上面液体的压力。当容器中溶液增多时，感压膜感受的压力就增大。将其上两个传感器 R_t 的电桥接成正向串接的双电桥电路，得到容器内感压膜上面溶液重量与电桥输出电压之间的关系式为

$$U_0 = (A_1 + A_2)Q/D \quad (2-13)$$

式中：A_1、A_2——传感器的传输参数；

Q——感压膜上方溶液的重量；

D——柱形容器的截面积。

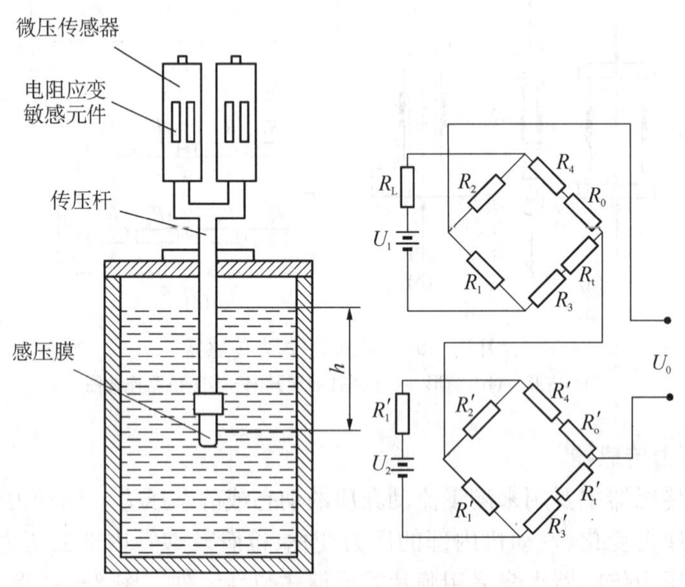

图 2-12　应变式容器内液体重量传感器

上式表明：电桥输出电压与柱形容器内感压膜上面溶液的重量呈线性关系，因此用此种方法可以测量容器内储存的溶液重量。

4. 应变片式加速度传感器

应变片式加速度传感器（见图 2-13）主要用于物体加速度的测量。其基本工作原理是：物体运动的加速度与作用在它上面的力成正比，与物体的质量成反比，即 $a = F/m$。

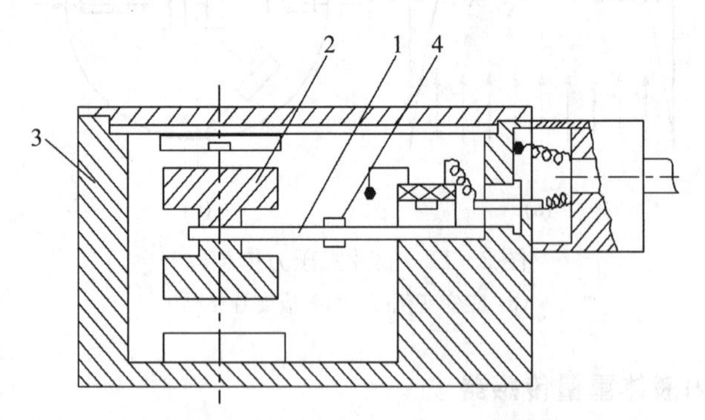

图 2-13　应变片式加速度传感器

1—悬臂梁；2—质量块；3—壳体；4—应变片（四个）

为了调节振动系统阻尼系数，在壳体充满硅油。测量时，将传感器壳体与被测对象刚性连接，当被测物体以加速度 a 运动时，质量块受到一个与加速度方向相反的惯性力作用，使原来等强度的悬臂梁产生变形，该变形被粘贴在悬臂梁上的应变片感受到并随之产生应变，

从而使应变片的电阻发生变化。电阻的变化引起应变片组成的桥路出现不平衡，从而输出电压，即可得出加速度 a 值的大小。

应变片加速度传感器不适用于频率较高的振动和冲击，一般仅适用于频率 10～60 Hz 的范围。

2.3　热电阻传感器

热电阻传感器是利用导体或半导体的电阻值随温度变化而变化的原理进行测温的。热电阻传感器分为金属热电阻传感器和半导体热电阻传感器两大类，一般把金属热电阻传感器称为热电阻，而把半导体热电阻传感器称为热敏电阻。热电阻用来测量 －200℃～＋850℃范围内的温度，少数情况下，低温可测量至 1 K，高温达 1 000℃。热电阻传感器测温的优点是信号灵敏度高、易于连续测量、可以远传（与热电偶相比）和无需参考温度。热电阻传感器的主要缺点是需要电源激励、会有影响测量精度的自热现象以及测量温度不能太高。热电阻传感器由热电阻、连接导线及显示仪表组成，如图 2－14 所示。热电阻传感器也可与温度变送器连接，转换为标准电流信号输出。金属热电阻传感器的稳定性高、互换性好、准确度高，可以用作基准仪表。

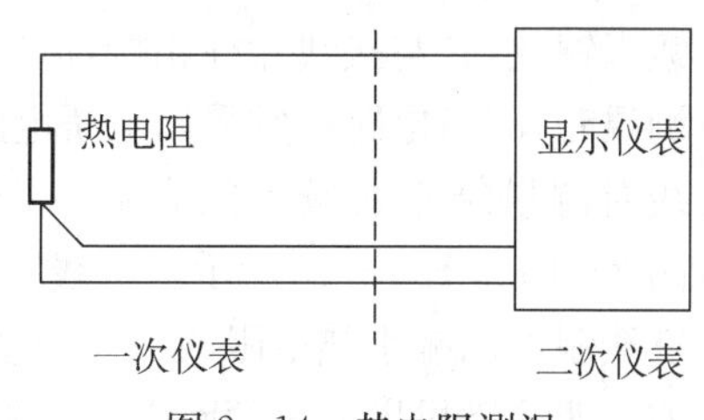

图 2－14　热电阻测温

1. 常用热电阻

用于制造热电阻的材料应具有尽可能大的和稳定的电阻温度系数和电阻率，电阻和温度最好成线性关系，物理化学性能稳定，复现性好等。目前最常用的热电阻有铂热电阻和铜热电阻。

1）铂热电阻

铂热电阻的特点是精度高、稳定性好、性能可靠，所以在温度传感器中得到了广泛应用。按 IEC 标准，铂热电阻的使用温度范围为－200℃～＋850℃。

国家标准规定工业用铂热电阻有 $R_0=10\ \Omega$ 和 $R_0=100\ \Omega$ 两种，它们的分度号分别为 Pt10 和 Pt100，其中 Pt100 较为常用。铂热电阻不同的分度号亦有相应分度表，即 R_t-t 的关系表，这样在实际测量中，只要测得热电阻的阻值 R_t，便可从分度表上查出对应的温度值。Pt100 的分度表见附表一。铂热电阻中的铂丝纯度用电阻比 W_{100} 表示，它是铂热电阻在 100℃时电阻值 R_{100} 与 0℃时电阻值 R_0 之比。按 IEC 标准，工业使用的铂热电阻的 $W_{100}>1.385\ 0$。

2）铜热电阻

由于铂是贵重金属，因此，在一些测量精度要求不高且温度较低的场合，可采用铜热电阻进行测温，它的测温范围为－50℃～＋150℃。

铜热电阻在测量范围内其电阻值与温度几乎是呈线性关系的。因此，铜热电阻线性好，价格便宜，但它易氧化，不适宜在腐蚀性介质或高温环境下工作。

2. 热电阻的结构

工业用热电阻的结构如图 2－15 所示，它由电阻体、绝缘管、保护套管、引线和接线盒等部分组成。

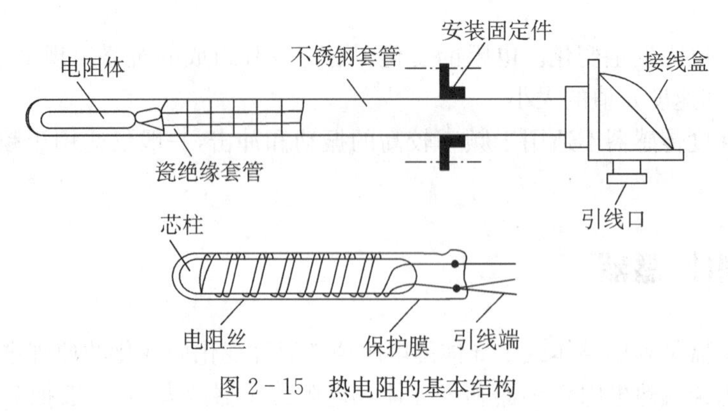

图 2 - 15　热电阻的基本结构

电阻体由电阻丝和电阻支架组成。电阻丝采用双线无感绕法绕制在具有一定形状的云母、石英或陶瓷塑料支架上，支架起支撑和绝缘作用，引线通常采用直径为 1 mm 的银丝或镀银铜丝，它与接线盒柱相接，以便与外接线路相连而测量显示温度。用热电阻传感器进行测温时，测量电路经常采用电桥电路。而热电阻与检测仪表相隔一段距离，因此热电阻的引线对测量结果有较大的影响。热电阻内部引线方式有两线制、三线制和四线制三种，如图 2 - 16和图 2 - 17 所示。二线制中引线电阻对测量影响较大，用于测温精度不高的场合。三线制可以减小热电阻与测量仪表之间连接导线的电阻因环境温度变化所引起的测量误差。四线制可以完全消除引线电阻对测量的影响，用于高精度温度的检测。

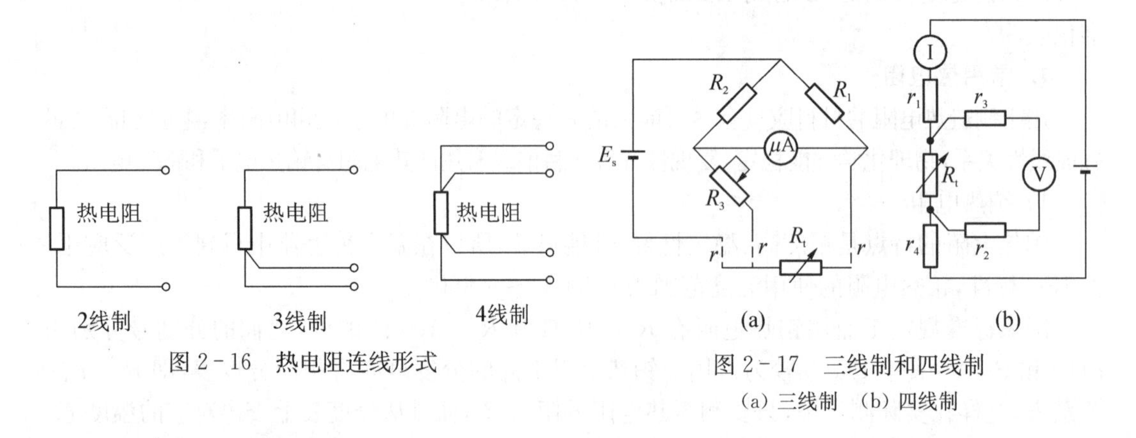

图 2 - 16　热电阻连线形式

图 2 - 17　三线制和四线制

(a) 三线制　(b) 四线制

3. 半导体热敏电阻

对于在低温段－50℃～350℃的范围以及测温要求不高的场合，目前世界各国常采用半导体热敏元件作为温度传感器，如图 2 - 18 所示。半导体热敏电阻大量用于各种温度测量、温度补偿，尤其是家电、汽车等要求不高的温度控制系统中。

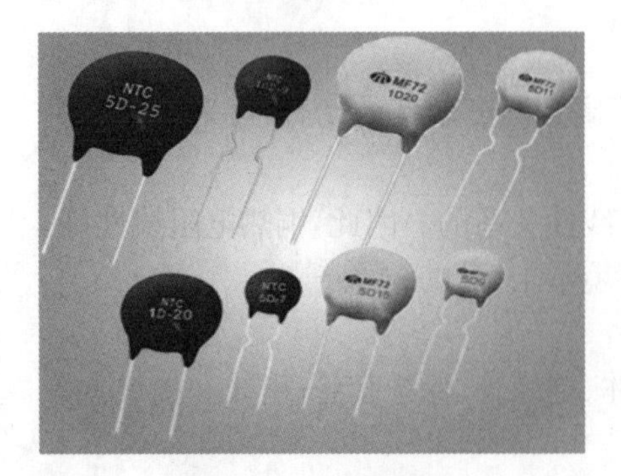

图 2 - 18　热敏电阻

1) 热敏电阻的优点

热敏电阻和热电阻、热电偶及其他接触式感温元件相比，具有下列优点。

(1) 灵敏度高，其灵敏度比热电阻要大 1～2 个数量级，使得后续调理电路容易了许多。

(2) 标称电阻从几欧到十几兆欧之间的都有不同的型号和规格，因而不仅能很好地与各种电路匹配，而且使远距离测量几乎无需考虑连线电阻的影响。

(3) 体积小(最小珠状热敏电阻直径仅 0.1～0.2 mm)，可用来测量“点温”。

(4) 热惯性小，响应速度快，适用于快速变化的测量场合。

(5) 结构简单并且坚固，能承受较大的冲击和振动；采用玻璃、陶瓷等材料密封包装后，可用于具有腐蚀性特征等的恶劣环境。

(6) 资源丰富，制作简单、可方便地制成各种形状(见图 2-19)，易于大批量生产，成本和价格都十分低廉。

2) 热敏电阻的主要缺点

(1) 阻值与温度的关系非线性严重。

(2) 元件的一致性差，互换性差。

(3) 元件易老化，稳定性较差。

(4) 除特殊高温热敏电阻外，绝大多数热敏电阻仅适合测量 0～150℃的温度范围，使用时必须注意。

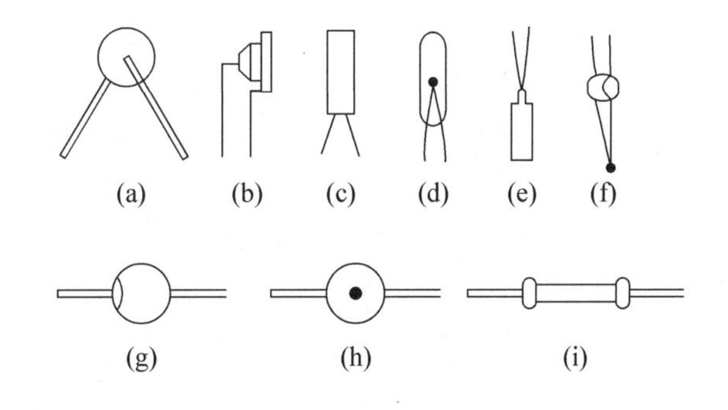

图 2-19　热敏电阻的结构形式

(a) 圆片形　(b) 薄膜形　(c) 杆形　(d) 管形　(e) 平板形
(f) 珠形　(g) 扁圆形　(h) 垫圆形　(i) 杆形(金属帽引出)

思考与习题

1. 简述电阻应变片的工作原理。

2. 某位移传感器采用了两个相同的线性电位器，如图 2-20 所示，电位器的总电阻为 R_0，总工作行程为 L_0，当被测位移发生改变时，带动两个电位器的电刷一起移动，若采用电桥检测方式，电桥的激励电压为 U_i，则：设计电桥的连接方式，并绘制出图形。

当被测位移的变化范围为 0～L_0 时，电桥的输出电压范围是多少？

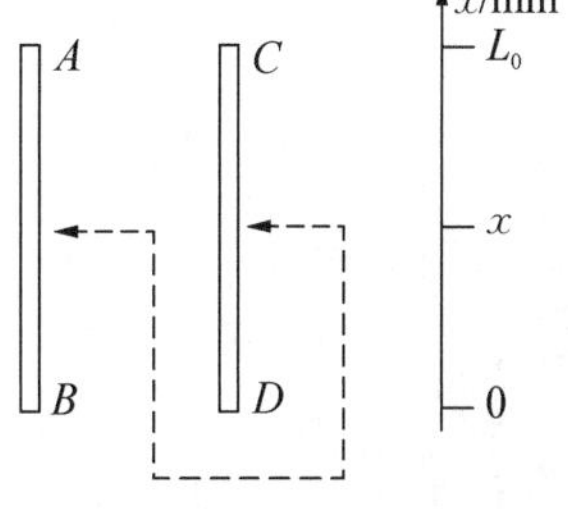

图 2-20　线性电位器

3. 简述非线性补偿的作用，有哪些常用的补偿方式。

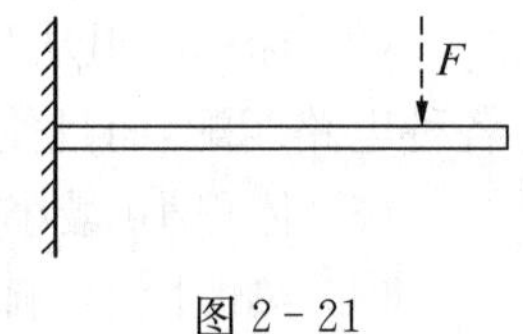

图 2-21

4. 图 2-21 是一个悬臂梁，现用电阻应变片测量作用力 F。若考虑电阻应变片的温度线路补偿，试画图表示应变片粘贴的位置和测量线路的接法。

5. 图 2-22 为在悬臂梁距端部 L 位置上下面各贴两完全相同的电阻应变片 R_1、R_2、R_3、R_4，其初始电阻相等 $R_1=R_2=R_3=R_4=R$，若将测量电路(b) 图中 1、2、3、4 的 4 个桥臂分别做(c)、(d)、(e) 图的替换，试分析(c)、(d)、(e) 三种桥臂接法的输出电压对(b) 输出电压的比值分别是多少？

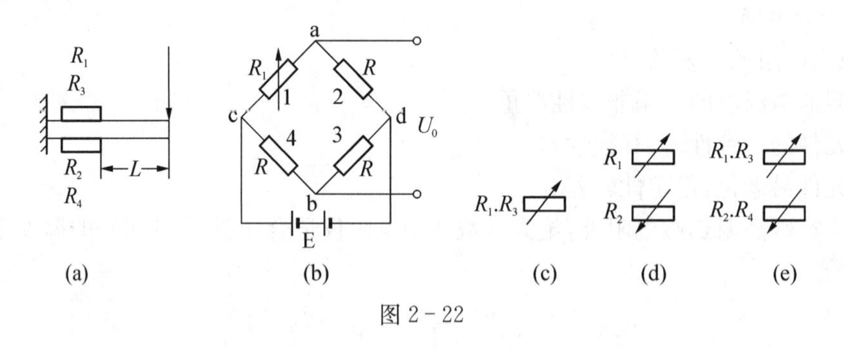

图 2-22

第3章　电感式传感器

利用电磁感应原理将被测非电量如位移、压力、流量、振动等转换成线圈自感量L或互感量M的变化，再由测量电路转换为电压或电流的变化量输出，这种装置称为电感式传感器。电感式传感器具有结构简单、工作可靠、测量精度高、零点稳定和输出功率较大等一系列优点。其主要缺点是灵敏度、线性度和测量范围相互制约，传感器自身频率响应低，不适用于快速动态测量。这种传感器能实现信息的远距离传输、记录、显示和控制，被广泛应用于工业自动控制系统中。

电感式传感器种类很多，常用的有变磁阻式传感器和差动变压器式传感器。

3.1　变磁阻式传感器

1. 变磁阻式传感器的工作原理

变磁阻式传感器的结构如图3-1所示。它由线圈、铁芯和衔铁三部分组成。铁芯和衔铁由导磁材料如硅钢片或坡莫合金制成，在铁芯和衔铁之间有气隙，气隙厚度为δ，传感器的运动部分与衔铁相连。当衔铁移动时，气隙厚度δ发生改变，引起磁路中磁阻变化，从而导致电感线圈的电感值变化，因此，只要能测出电感量的变化，就能确定衔铁位移量的大小和方向。

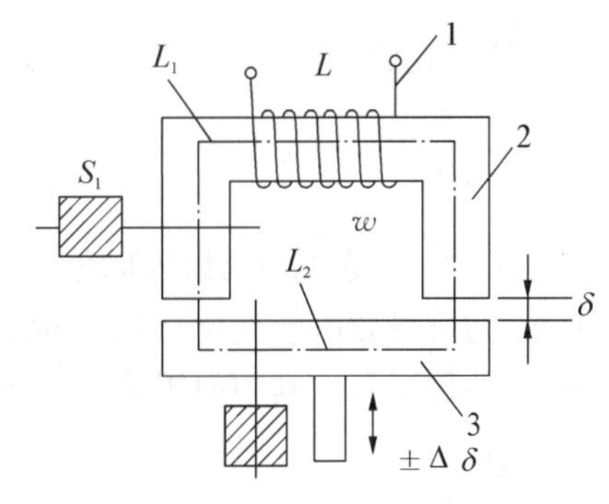

图3-1　变磁阻式传感器

1—线圈；2—铁芯；3—衔铁

根据电感定义，线圈中电感量可由下式确定

$$L=\frac{\Psi}{I}=\frac{w\Phi}{I} \tag{3-1}$$

式中：Ψ——线圈总磁链；

I——通过线圈的电流；

w——线圈的匝数；

Φ——穿过线圈的磁通。

由磁路欧姆定律，得

$$\Phi=\frac{Iw}{R_{\mathrm{m}}} \tag{3-2}$$

式中：R_{m}——磁路总磁阻。

对于变磁阻式传感器，因为气隙很小，所以可以认为气隙中的磁场是均匀的。若忽略磁路磁损，则磁路总磁阻为

$$R_m = \frac{L_1}{\mu_1 S_1} + \frac{L_2}{\mu_2 S_2} + \frac{2\delta}{\mu_0 S_0} \tag{3-3}$$

式中：μ_0——空气的导磁率；

μ_1——铁芯材料的导磁率；

μ_2——衔铁材料的导磁率；

L_1——磁通通过铁芯的长度；

L_2——磁通通过衔铁的长度；

S_0——气隙的截面积；

S_1——铁芯的截面积；

S_2——衔铁的截面积；

δ——气隙的厚度。

通常气隙磁阻远大于铁芯和衔铁的磁阻，即

$$\frac{2\delta}{u_0 s_0} \gg \frac{L_1}{u_1 s_1},\ \frac{2\delta}{u_0 s_0} \gg \frac{L_2}{u_2 s_2}$$

则式(3-3)可近似为

$$R_m \approx \frac{2\delta}{u_0 s_0} \tag{3-4}$$

联立式(3-1)、(3-2)，可得

$$L = \frac{w^2}{R_m} = \frac{w^2 \mu_0 s_0}{2\delta} \tag{3-5}$$

式(3-5)表明，当线圈匝数为常数时，电感 L 仅仅是磁路中磁阻 R_m 的函数，只要改变 δ 或 S_0 均可导致电感变化，因此变磁阻式传感器又可分为变气隙厚度 δ 的传感器和变气隙面积 S_0 的传感器。其中使用最广泛的是变气隙厚度 δ 式电感传感器。

2. 变磁阻式传感器的输出特性

设电感传感器初始气隙为 δ_0、初始电感量为 L_0、衔铁位移引起的气隙变化量为 $\Delta\delta$、电感增量为 ΔL，从式(3-5)可知 L 与 δ 之间是非线性关系，特性曲线如图 3-2 所示，初始电感量为

$$L_0 = \frac{\mu_0 s_0 w^2}{2\delta_0} \tag{3-6}$$

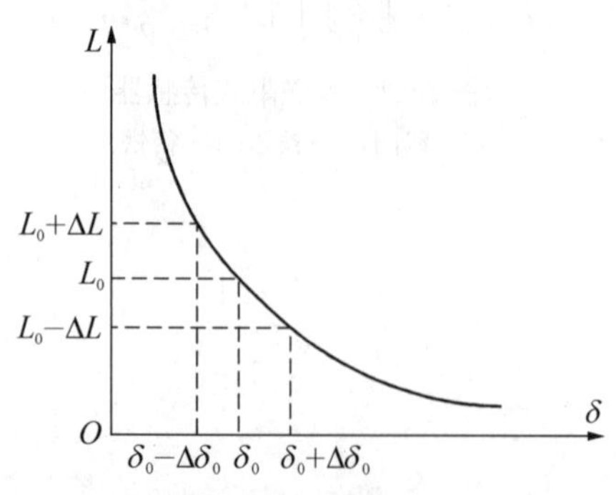

图 3-2　变隙式电感传感器 L-δ 特性

相对增量 $\Delta L/L_0$ 为

$$\frac{\Delta L}{L_0} = \frac{\Delta\delta}{\delta_0} \tag{3-7}$$

灵敏度 K_0 为

$$K_0=\frac{\frac{\Delta L}{L_0}}{\Delta\delta}=\frac{1}{\delta_0} \tag{3-8}$$

由此可见，变隙式电感传感器的测量范围与灵敏度及线性度相矛盾，所以变隙式电感式传感器用于测量微小位移时是比较精确的。为了减小非线性误差，实际测量中广泛采用差动变隙式电感传感器。

图3－3为差动变隙式电感传感器的原理结构。

由图3－3可知，差动变隙式电感传感器由两个相同的电感线圈Ⅰ、Ⅱ和磁路组成。测量时，衔铁通过导杆与被测位移量相连，当被测体上下移动时，导杆带动衔铁也以相同的位移上下移动，使两个磁回路中磁阻变化的大小相等，方向相反，导致一个线圈的电感量增加，另一个线圈的电感量减小，形成差动形式。当衔铁往上移动 $\Delta\delta$ 时，两个线圈的电感变化量 ΔL_1、ΔL_2，当差动使用时，两个电感线圈接成交流电桥的相邻桥臂，另两个桥臂由电阻组成，电桥输出电压与 ΔL 有关，其具体表达式为

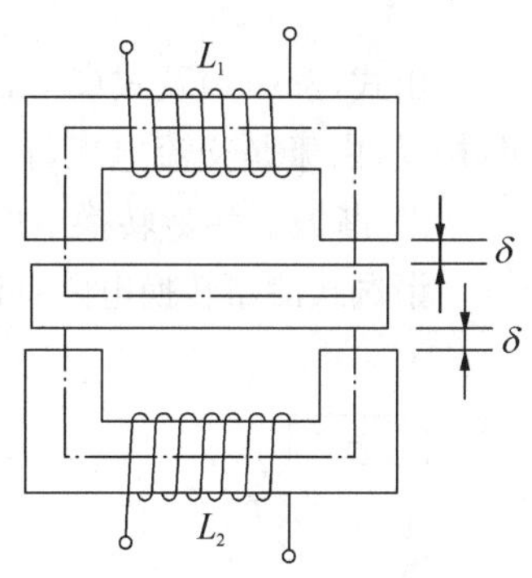

图3－3　差动变隙式电感传感器

$$\frac{\Delta L}{L_0}=2\frac{\Delta\delta}{\delta_0} \tag{3-9}$$

灵敏度 K_0 为

$$K_0=\frac{\frac{\Delta L}{L_0}}{\Delta\delta}=\frac{2}{\delta_0} \tag{3-10}$$

比较单线圈和差动两种变间隙式电感传感器的特性，可以得到如下结论：

(1) 差动式比单线圈式的灵敏度高一倍。

(2) 差动式的非线性项等于单线圈非线性项乘以 $(\Delta\delta/\delta_0)$ 因子，因为 $(\Delta\delta/\delta_0)\approx 1$，所以，差动式的线性度得到明显改善。

为了使输出特性能得到有效改善，构成差动的两个变隙式电感传感器在结构尺寸、材料、电气参数等方面均应完全一致。

3. 测量转换电路

1) 变压器式交流电桥

变压器式交流电桥测量转换电路如图3－4所示，电桥两臂 Z_1、Z_2 为传感器线圈阻抗，另外两桥臂为交流变压器次级线圈的1/2阻抗。当负载阻抗为无穷大，且传感器的衔铁处于中间位置，即 $Z_1=Z_2=Z$ 时有 $U_0=0$，电桥平衡。

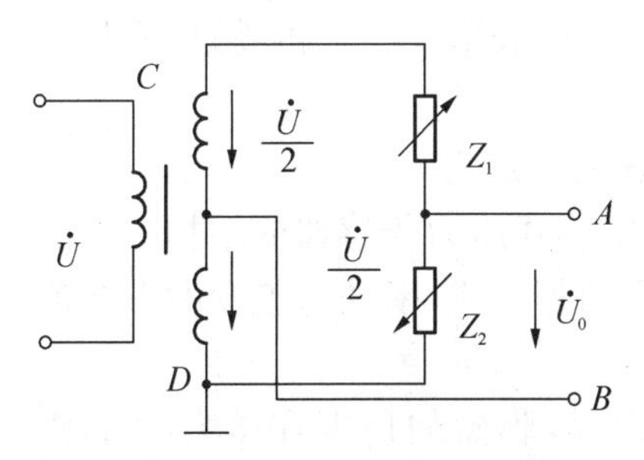

图3－4　变压器式交流电桥测量电路

当中间衔铁移动时，有

$$\dot{U}_0=\frac{Z_1\dot{U}}{Z_1+Z_2}-\frac{\dot{U}}{2}=\frac{Z_1-Z_2}{Z_1+Z_2}\frac{\dot{U}}{2} \tag{3-11}$$

当传感器衔铁上移时，即 $Z_1 = Z + \Delta Z$，$Z_2 = Z - \Delta Z$，此时有

$$\dot{U}_0 = \frac{\dot{U}}{2}\frac{\Delta Z}{Z} = \frac{\dot{U}}{2}\frac{\Delta L}{L} \tag{3-12}$$

当传感器衔铁下移时，则 $Z_1 = Z - \Delta Z$，$Z_2 = Z + \Delta Z$，此时有

$$\dot{U}_0 = -\frac{\dot{U}}{2}\frac{\Delta Z}{Z} = -\frac{\dot{U}}{2}\frac{\Delta L}{L} \tag{3-13}$$

由式(3-12)及式(3-13)可知，衔铁上下移动相同距离时，输出电压的大小相等，但方向相反，由于是交流电压，输出指示无法判断位移方向，必须配合相敏检波电路来解决。

2) 谐振式测量转换电路

谐振式测量转换电路有谐振式调幅电路(见图3-5)和谐振式调频电路(见图3-6)两种。

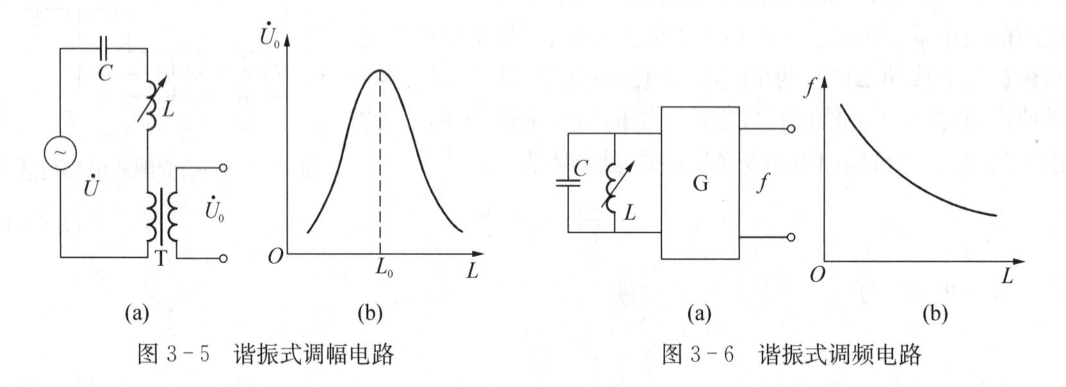

图3-5 谐振式调幅电路　　图3-6 谐振式调频电路

在调幅电路中，传感器的电感 L 与电容 C 和变压器原边串联在一起，接入交流电源，变压器副边将有电压 U_0 输出，输出电压的频率与电源频率相同，而幅值随着电感 L 变化而变化。图3-5(b)为输出电压 U_0 与电感 L 的关系曲线，其中 L_0 为谐振点的电感值，此电路灵敏度很高，但线性差，适用于线性要求不高的场合。

调频电路的基本原理是传感器的电感 L 变化引起输出电压频率的变化。一般是把传感器的电感 L 和电容 C 接入一个振荡回路中，其振荡频率 $f = \frac{1}{2\pi\sqrt{LC}}$。当 L 变化时，振荡频率随之变化，根据 f 的大小即可测出被测量的值。图3-6(b)表示 f 与 L 的特性，它具有明显的非线性关系。

4. 变磁阻式传感器的应用

图3-7是变隙电感式压力传感器的结构。它由膜盒、铁芯、衔铁及线圈等组成，衔铁与膜盒的上端连在一起。

当压力进入膜盒时，膜盒的顶端在压力 P 的作用下产生与压力 P 大小成正比的位移。于是衔铁也发生移动，从而使气隙发生变化，流过线圈的电流也发生相应的变化，电流表指示值就反映了被测压力的大小。

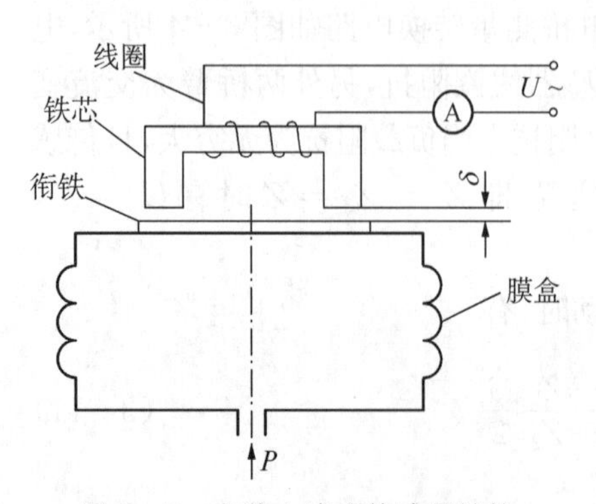

图3-7 变隙电感式传感器结构

图 3-8 为变隙式差动电感压力传感器。它主要由 C 形弹簧管、衔铁、铁芯和线圈等组成。

当被测压力进入 C 形弹簧管时，C 形弹簧管产生变形，其自由端发生位移，带动与自由端连接成一体的衔铁运动，使线圈 1 和线圈 2 中产生大小相等、方向相反的电感，即一个电感量增大，另一个电感量减小。电感的这种变化通过电桥电路转换成电压输出。由于输出电压与被测压力之间成比例关系，所以只要用检测仪表测量出输出电压，即可得知被测压力的大小。

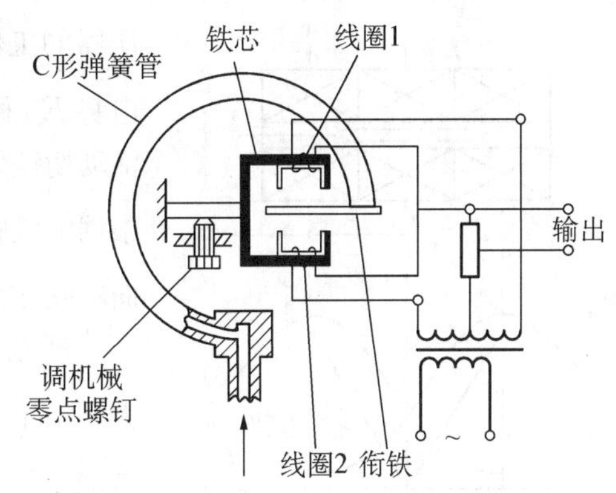

图 3-8　变隙式差动电感压力传感器

3.2　差动变压器式传感器

把被测的非电量变化转换为线圈互感量变化的传感器称为互感式传感器。这种传感器是根据变压器的基本原理制成的，并且次级绕组都用差动形式连接，故也称为差动变压器式传感器。差动变压器结构形式较多，有变隙式、变面积式和螺线管式等，但其工作原理基本一样。非电量测量中，应用最多的是螺线管式差动变压器，它可以测量 1～100 mm 范围内的机械位移，并具有测量精度高、灵敏度高、结构简单和性能可靠等优点。

1. 差动变压器式传感器工作原理

螺线管式差动变压器结构如图 3-9 所示，它由初级线圈、两个次级线圈和插入线圈中央的圆柱形铁芯等组成。

螺线管式差动变压器按线圈绕组排列的方式不同可分为一节式、二节式、三节式、四节式和五节式等类型，一节式灵敏度高，三节式零点残余电压较小，通常采用的是二节式和三节式。

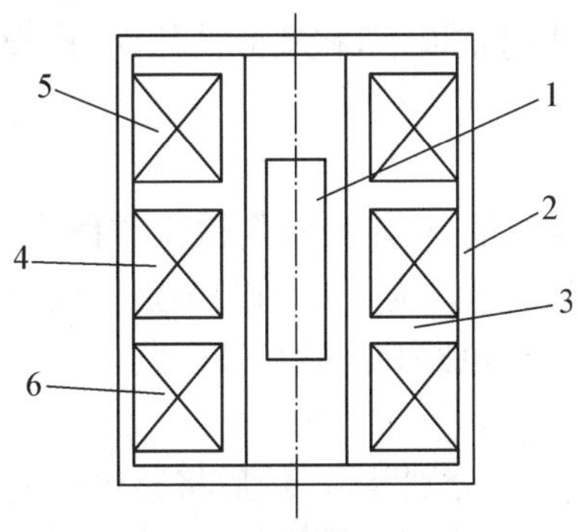

图 3-9　螺线管式差动变压器结构

1—活动衔铁；2—导磁外壳；3—骨架；
4—匝数为 ω_1 的初级绕组；
5—匝数为 ω_{2a} 的次级绕组；
6—匝数为 ω_{2b} 的次级绕组

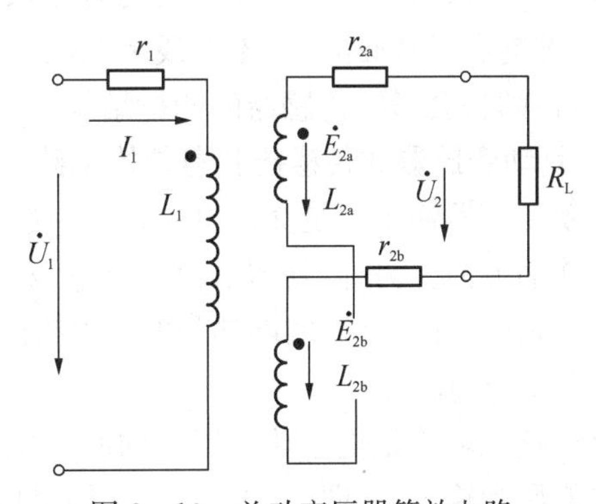

图 3-10　差动变压器等效电路

差动变压器式传感器中两个次级线圈反向串联，并且在忽略铁损、导磁体磁阻和线圈分布电容的理想条件下，其等效电路如图 3-10 所示。当初级绕组 w_1 加以激励电压 $\dot{U}_1$ 时，根据变

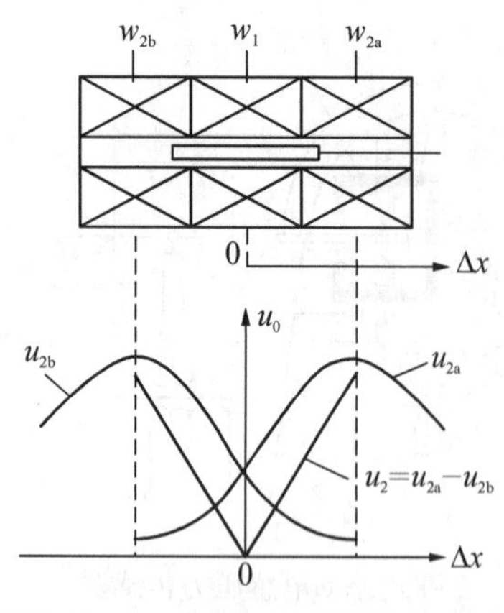

图3-11　差动变压器的输出电压特性曲线

压器的工作原理，在两个次级绕组 w_{2a} 和 w_{2b} 中便会产生感应电势 $\dot{E}_{2a}$ 和 $\dot{E}_{2b}$。如果工艺上保证变压器结构完全对称，则当活动衔铁处于初始平衡位置时，必然会使两互感系数 $M_1=M_2$。根据电磁感应原理，将有 $\dot{E}_{2a}=\dot{E}_{2b}$。由于变压器两次级绕组反向串联，因而 $\dot{U}_2=0$，即差动变压器输出电压为零。

活动衔铁向上移动时，由于磁阻的影响，w_{2a} 中磁通将大于 w_{2b}，使 $M_1>M_2$，因而 $\dot{E}_{2a}$ 增加，而 $\dot{E}_{2b}$ 减小。反之，$\dot{E}_{2b}$ 增加，$\dot{E}_{2a}$ 减小。因为 $\dot{U}_2=\dot{E}_{2a}-\dot{E}_{2b}$，所以，衔铁位移 x 变化时，U_0 也必将随 x 变化。图 3-11 给出了变压器输出电压 U_0 与活动衔铁位移 x 的关系曲线。实际上，当衔铁位于中心位置时，差动变压器输出电压并不等于零，我们把差动变压器在零位移时的输出电压称为零点残余电压，记作 $\Delta\dot{U}_0$，它的存在使传感器的输出特性不过零点，造成实际特性与理论特性不完全一致。

根据电磁感应定律

$$\dot{E}_{2a}=-j\omega M_1\dot{I}_1 \tag{3-14}$$

$$\dot{E}_{2a}=-j\omega M_2\dot{I}_1 \tag{3-15}$$

零点残余电压主要是由传感器的两次级绕组的电气参数与几何尺寸不对称，以及磁性材料的非线性等问题引起的。零点残余电压的波形十分复杂，主要由基波和高次谐波组成。基波产生的主要原因是：传感器的两次级绕组的电气参数和几何尺寸不对称，导致它们产生的感应电势的幅值不等、相位不同，因此不论怎样调整衔铁位置，两线圈中感应电势都不能完全抵消。高次谐波中起主要作用的是三次谐波，产生的原因是由于磁性材料磁化曲线的非线性（磁饱和以及磁滞）。零点残余电压一般在几十毫伏以下，在实际使用时，应设法减小和消除，否则将会影响传感器的测量结果。

2. 差动变压器式传感器测量转换电路

差动变压器输出的是交流电压，若用交流电压表测量，只能反映衔铁位移的大小，而不能反映移动方向。另外，其测量值中将包含零点残余电压。为了达到能辨别移动方向及消除零点残余电压的目的，实际测量时，常常采用差动整流电路和相敏检波电路。

1）差动整流电路

差动整流电路是把差动变压器的两个次级输出电压分别整流，然后将整流的电压或电流的差值作为输出，如图 3-12 所示。如果传感器的一个次级线圈的输出瞬时电压极性，在 f 点为"＋"，e 点为"－"，则电流路径是 $f\rightarrow g\rightarrow d\rightarrow c\rightarrow h\rightarrow e$，如图 3-12(a)所示。反之，如果 f 点的瞬时电压为"－"，e 点为"＋"，则电流路径是 $e\rightarrow h\rightarrow d\rightarrow c\rightarrow g\rightarrow f$。可见，无论次级线圈的输出瞬时电压极性如何，通过电阻 R 的电流总是从 d 到 c。同理可分析另一个次级线圈的输出情况。输出的电压波形如图 3-12(b)所示，其值为 $U_{SC}=e_{ab}+e_{cd}$。

差动整流电路结构简单，在测量时不需要考虑相位调整和零点残余电压的影响，分布电容影响小，便于远距离传输，因而获得广泛应用。

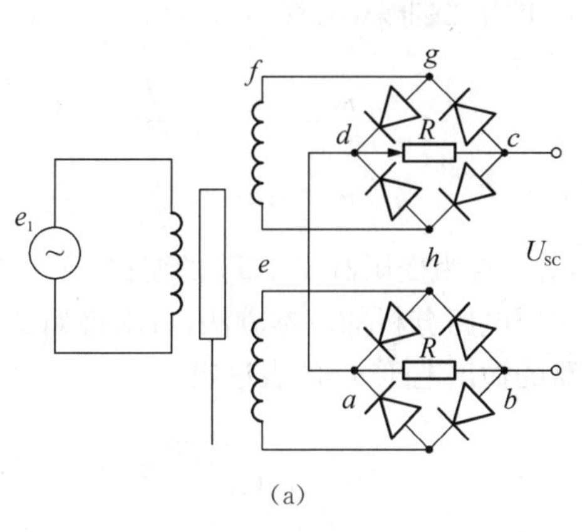

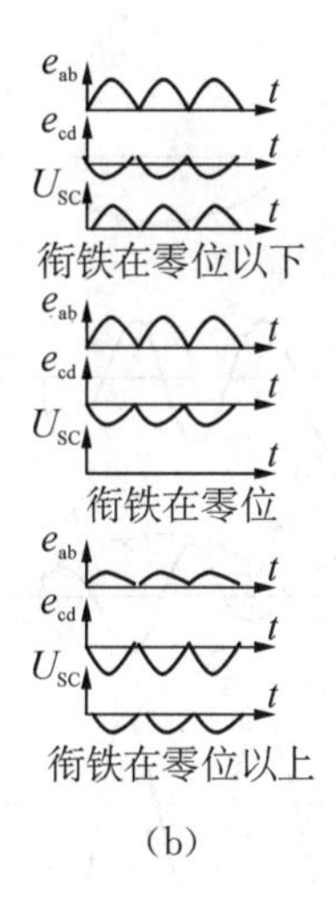

(a)　　　　(b)

图 3-12　差动整流电路

2）相敏检波电路

相敏检波电路如图 3-13 所示。V_{D1}、V_{D2}、V_{D3}、V_{D4} 为四个性能相同的二极管，以同一方向串联成一个闭合回路，组成环形电桥。输入信号 u_2（差动变压器式传感器输出的调幅波电压）通过变压器 T_1 加到环形电桥的一个对角线。参考信号 u_0 通过变压器 T_2 加入环形电桥的另一个对角线。输出信号 u_L 从变压器 T_1 与 T_2 的中心抽头引出。平衡电阻 R 起限流作用，避免二极管导通时变压器 T_2 的次级电流过大。R_L 为负载电阻。u_0 的幅值要远大于输入信号 u_2 的幅值，以便有效控制四个二极管的导通状态，且 u_0 和差动变压器式传感器激磁电压 u_1 由同一振荡器供电，保证二者同频、同相（或反相）。

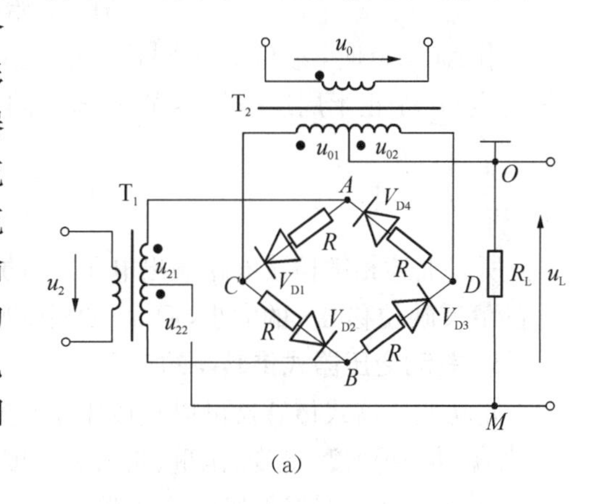

(a)

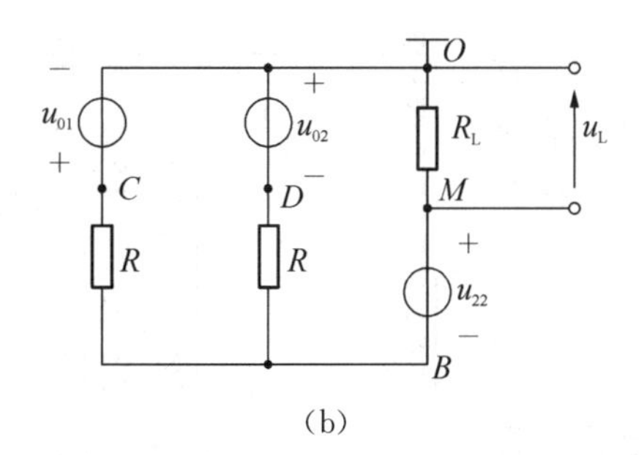

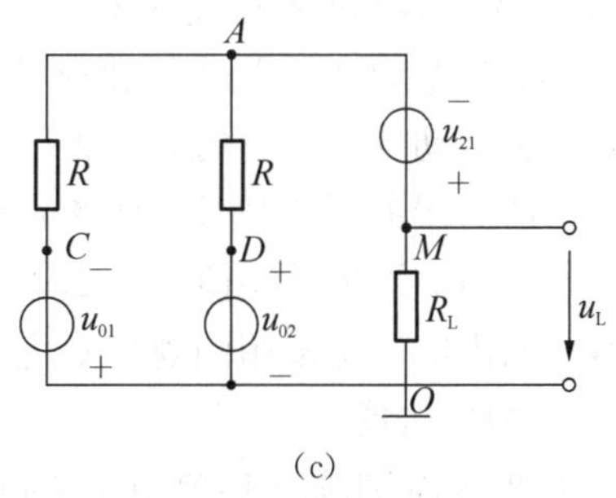

(b)　　　　(c)

图 3-13　相敏检波电路

由图 3-14(a)、(c)、(d)可知，当位移 $\Delta x>0$ 时，u_2 与 u_0 同频同相，当位移 $\Delta x<0$ 时，u_2 与 u_0 同频反相。

$\Delta x>0$ 时，u_2 与 u_0 为同频同相，当 u_2 与 u_0 均为正半周时，如图 3-13(a) 所示，环形电桥中二极管 V_{D1} 和 V_{D4} 截止，V_{D2} 和 V_{D3} 导通，则可得如图 3-13(b) 所示的等效电路。

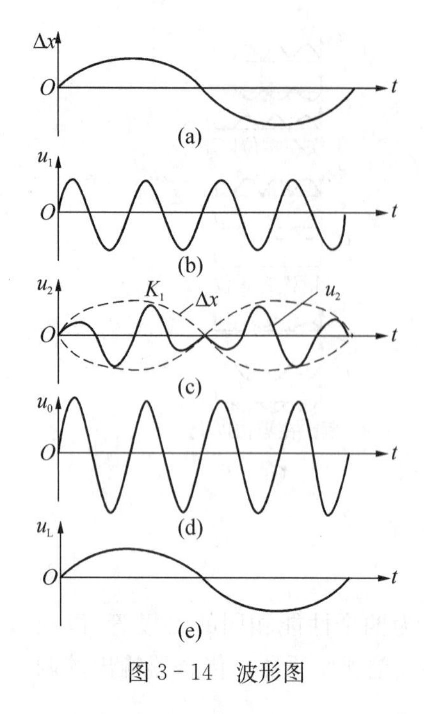

图 3-14　波形图

根据变压器的工作原理，考虑到 O、M 分别为变压器 T_1、T_2 的中心抽头，则有

$$u_{01}=u_{02}=\frac{u_0}{2n_2} \tag{3-16}$$

$$u_{21}=u_{22}=\frac{u_2}{2n_1} \tag{3-17}$$

式中，n_1、n_2 为变压器 T_1、T_2 的变比。

采用电路分析的基本方法，可求得如图 3-13(b)所示电路的输出电压 u_L 的表达式

$$u_L=\frac{R_L u_2}{n_1(R_1+2R_L)} \tag{3-18}$$

同理当 u 与 u_0 均为负半周时，二极管 V_{D2} 和 V_{D3} 截止，V_{D1} 和 V_{D4} 导通。其等效电路如图 3-13(c) 所示，输出电压 u_L 表达式与式(3-18) 相同，说明只要位移 $\Delta x>0$，不论 u_2 与 u_0 是正半周还是负半周，负载 R_L 两端得到的电压 u_L 始终为正。

当 $\Delta x<0$ 时，u_2 与 u_0 为同频反相。采用上述相同的分析方法不难得到当 $\Delta x<0$ 时，不论 u_2 与 u_0 是正半周还是负半周，负载电阻 R_L 两端得到的输出电压 u_L 表达式总是为

$$u_L=-\frac{R_L u_2}{n_1(R_1+2R_L)} \tag{3-19}$$

所以上述相敏检波电路输出电压 u_L 的变化规律充分反映了被测位移量的变化规律，即 u_L 的值反映位移 Δx 的大小，而 u_L 的极性则反映了位移 Δx 的方向。

3. 差动变压器式传感器的应用

差动变压器式传感器可以直接用于位移测量，也可以用于测量与位移有关的任何机械量，如振动、加速度、应变、比重、张力和厚度等。

1) 差动变压器式加速度传感器

图 3-15 为差动变压器式加速度传感器的结构。它由悬臂梁 1 和差动变压器 2 构成。测量时，将悬臂梁底座及差动变压器的线圈骨架固定，而将衔铁的 A 端与被测振动体相连。当被测体带动衔铁以 $\Delta x(t)$振动时，导致差动变压器的输出电压也按相同规律变化。

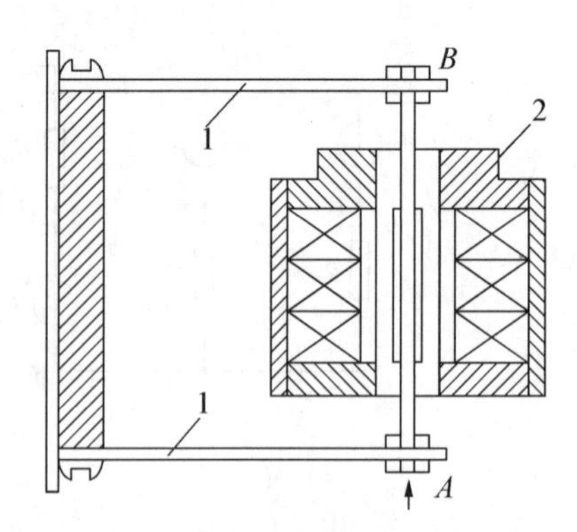

图 3-15　差动变压器式加速度传感器原理

1—悬臂梁；2—差动变压器

2) 微压力变送器

将差动变压器和弹性敏感元件(膜片、膜盒和弹簧管等)相结合，可以组成各种形式的压力传感器。如图 3-16所示，这种变送器可分档测量 $-5\times10^5\sim6\times10^5\ \mathrm{N/m^2}$ 的压力，输出信号电压为 0～50 mV，精度为 1.5 级。

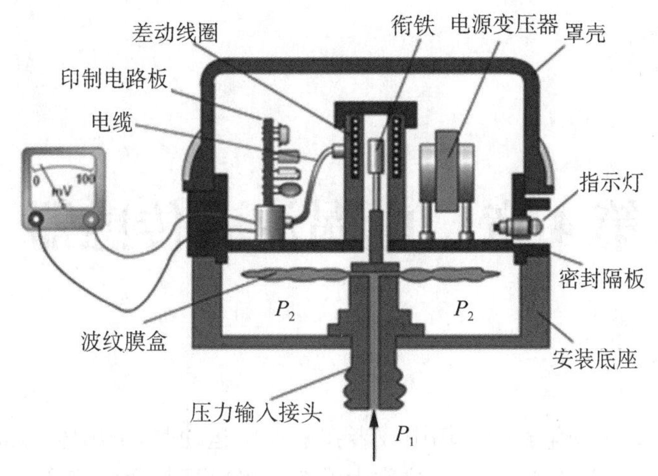

图 3-16 压力变送器结构

3）差动变压器式张力测量控制系统

如图 3-17 所示，当卷取辊转动太快时，布料的张力将增大，导致张力辊向上位移，使差动变压器的衔铁不再处于中间位置，N_{21} 与 N_1 之间的互感量 M_1 增加，N_{22} 与 N_1 的互感量 M_2 减小。因此 U_{21} 增大，U_{22} 减小，经差动检波之后的 U_0 为负值，去控制伺服电动机，使它的转速变慢，从而使张力恒定。

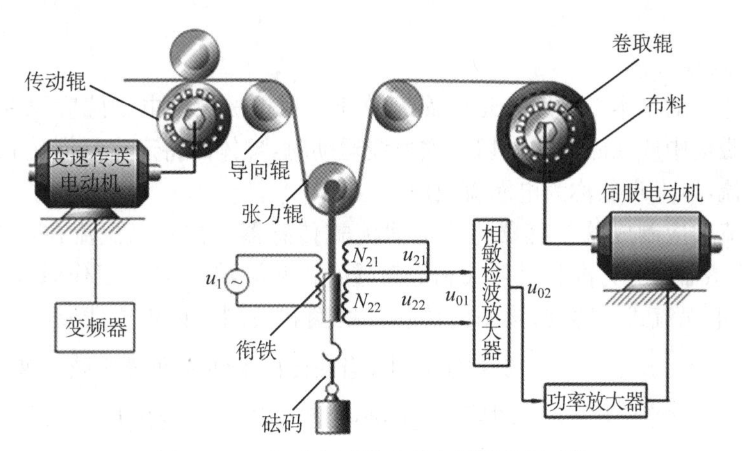

图 3-17 差动变压器式张力测量控制系统

思考与习题

1. 说明变磁阻式电感传感器的主要组成和工作原理。

2. 说明差动变隙式电感传感器的主要组成和工作原理。

3. 变隙式电感传感器的输出特性与哪些因素有关？怎样改善其非线性？怎样提高其灵敏度？

4. 差动变压器式传感器有几种结构形式？各有什么特点？

5. 差动变压器式传感器的零点残余电压产生的原因是什么？怎样减小和消除它的影响？

6. 保证相敏检波电路可靠工作的条件是什么？

第 4 章　电涡流式传感器

当成块的金属处于变化着的磁场中或者在磁场中运动时，金属体内都会产生感应电动势，从而在金属体内产生电流，该电流被称为涡流。当磁场是由电流产生的时，此时产生的涡流称为电涡流。变压器和交流电动机的铁心都是用硅钢片叠制而成，就是为了减小电涡流，避免发热。但人们也能利用电涡流做有益的工作，例如在对位移、厚度、表面温度、速度、应力和材料损伤等进行非接触式连续测量时，可用电涡流式传感器。电涡流传感器具有体积小、灵敏度高、频率响应宽等特点，因此，还广泛应用于电力、石油、化工、冶金等行业。

4.1　电涡流式传感器的工作原理

1. 电涡流效应

电涡流传感器的基本工作原理是电涡流效应。根据法拉第电磁感应原理，块状金属导体置于变化的磁场中或在磁场中作切割磁力线运动时，导体内将产生呈涡旋状的感应电流，此电流叫电涡流，以上现象称为电涡流效应。

根据电涡流效应制成的传感器称为电涡流式传感器。按照电涡流在导体内的贯穿情况，电涡流式传感器可分为高频反射式和低频透射式两类，但二者的工作原理基本相似。

图 4-1 为电涡流式传感器，该图由传感器线圈和被测导体组成线圈-导体系统。根据法拉第定律，当使传感器线圈通过正弦交变电流 $\dot{I}_1$ 时，线圈周围空间必然产生正弦交变磁场 $\dot{H}_1$，使置于此磁场中的金属导体中感应电涡流 $\dot{I}_2$，涡流又产生新的交变磁场 $\dot{H}_2$。根据楞次定律，$\dot{H}_2$ 的作用将反抗原磁场 $\dot{H}_1$，导致传感器线圈的等效阻抗发生变化。由上可知，线圈阻抗的变化完全取决于被测金属导体的电涡流效应。而电涡流效应既与被测体的电阻率 ρ、磁导率 μ 以及几何形状有关，又与线圈几何参数、线圈中激磁电流频率有关，还与线圈与导体间的距离 x 有关。因此，传感器线圈受电涡流影响时的等效阻抗 Z 的函数关系式为

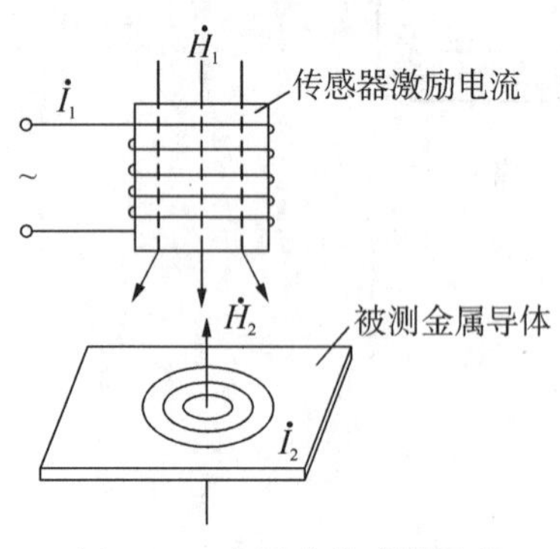

图 4-1　电涡流传感器原理

$$Z = F(\rho,\ \mu,\ r,\ f,\ x) \tag{4-1}$$

式中：r——线圈与被测体的尺寸因子；

f——线圈激励电流频率；

x——线圈到金属距离。

如果保持上式中其他的参数不变，只改变其中一个参数，传感器线圈阻抗 Z 就仅仅是这个参数的单值函数。通过与传感器配用的测量电路测出阻抗 Z 的变化量，即可实现对该参数的测量。

2. 电涡流式传感器等效电路

电涡流式传感器简化模型如图 4-2 所示。模型中把在被测金属导体上形成的电涡流等效成一个短路环，即假设电涡流仅分布在环体之内，模型中 h 由以下公式求得

$$h = \sqrt{\frac{\rho}{\pi \mu_0 \mu_r f}} \tag{4-2}$$

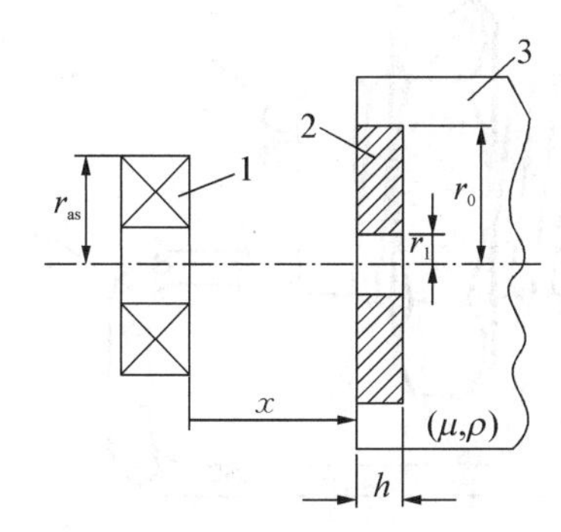

图 4-2　电涡流式传感器简化模型

1—传感器线圈；2—短路环；3—被测金属导体

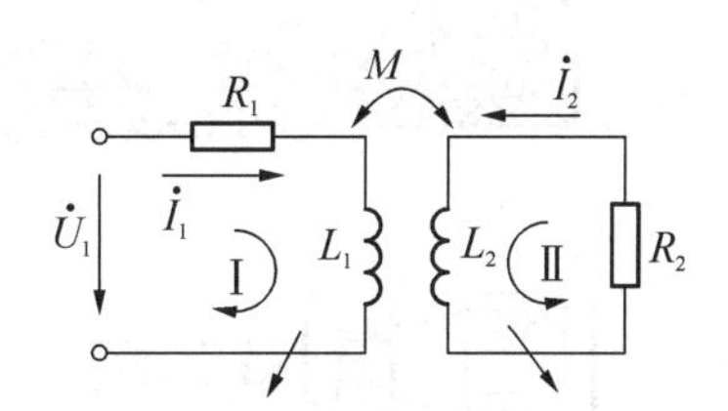

图 4-3　电涡流式传感器等效电路

Ⅰ—传感器线圈；Ⅱ—电涡流短路环

根据简化模型，可画出如图 4-3 所示的等效电路。图中 R_2 为电涡流短路环等效电阻，其表达式为

$$R_2 = \frac{2\pi\rho}{h \ln \frac{r_n}{r_i}} \tag{4-3}$$

根据基尔霍夫第二定律，可列出如下方程

$$\begin{aligned} R_1 I_1 + j\omega L_1 I_1 - j\omega M I_2 &= \dot{U}_1 \\ R_2 I_2 + j\omega L_2 I_2 - j\omega M I_1 &= 0 \end{aligned} \tag{4-4}$$

式中：R_1、L_1——线圈的电阻和电感；

R_2、L_2——金属导体的电阻和电感；

U——线圈激励电压。

图中：ω——线圈激磁电流角频率；

R_1——线圈电阻；

L_1——线圈电感；

L_2——短路环等效电感；

R_2——短路环等效电阻。

由方程组(4-4)解得等效阻抗 Z 的表达式为

$$Z = \frac{\dot{U}_1}{\dot{I}_1} = R_1 + \frac{w^2 M^2}{R_2^2 + (wL_2)^2} R_2 + jw\left[L_1 - \frac{w^2 M^2}{R_2^2 + (wL_2)^2} L_2\right] \tag{4-5}$$

4.2 电涡流式传感器结构

电涡流式传感器的传感元件是一只线圈，俗称为电涡流探头。电涡流传感器的激励源频率较高，一般为数十千赫至数兆赫，因此线圈的圈数不需要太多，且多为扁平线圈，电涡流式传感器结构如图 4-4 所示。

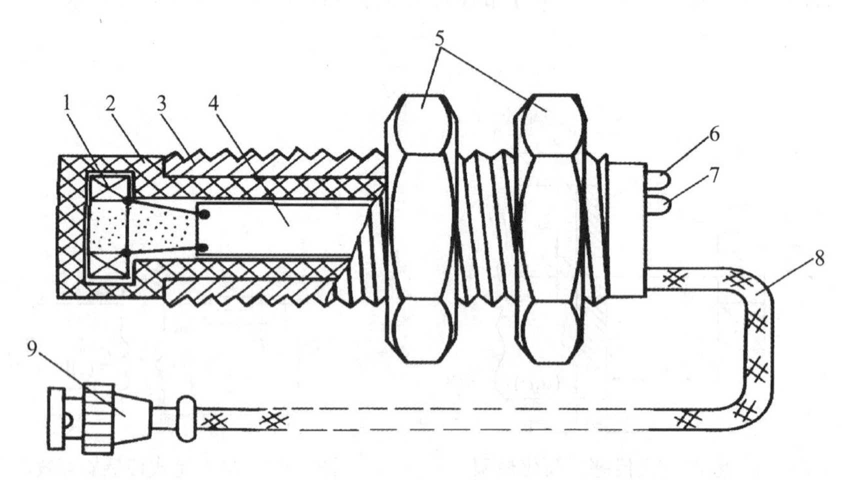

图 4-4 电涡流式传感器

1—电涡流线圈；2—探头壳体；3—壳体上的位置调节螺纹；4—印制电路板；5—夹持螺母；6—电源指示灯；7—阈值指示灯；8—输出屏蔽电缆线；9—电缆插头

被测体材料、形状、大小对电涡流探头的影响如下：

1) 被测体表面平整度的影响

不规则的被测体表面，会给实际测量带来附加误差，因此被测体表面应该平整光滑，不应存在凸起、洞眼、刻痕及凹槽等缺陷。

2) 被测体表面磁效应的影响

电涡流效应主要集中在被测体表面，如果由于加工过程中形成残磁效应，以及淬火不均匀、硬度不均匀、结晶结构不均匀等都会影响其传感器特性。

3) 被测体表面镀层的影响

被测体表面的镀层对传感器的影响相当于改变了被测体材料，视其镀层的材料、厚度等因素，传感器的灵敏度会略有变化。

4) 被测体表面尺寸的影响

由于探头线圈产生的磁场范围是一定的，而被测体表面形成的涡流也是一定的。这样就对被测体表面大小有一定要求。通常，当被测体表面为平面时，以正对探头中心线的点为中心，被测面直径应大于探头头部直径的 1.5 倍以上。当被测体为圆轴且探头中心线与轴心线正交时，一般要求被测轴直径为探头头部直径的 3 倍以上，否则传感器的灵敏度会下降，被测体表面面积越小，传感器的灵敏度下降越多。实验测试表明，当被测体表面大小与探头头部直径相同时，传感器的灵敏度会下降到 72%左右。被测体的厚度也会影响测量结

果。被测体中电涡流场作用的深度由频率、材料导电率、导磁率决定。因此如果被测体太薄，将会导致电涡流作用不够，使传感器灵敏度下降。

4.3　电涡流式传感器的测量转换电路

1. 调幅式转换电路(AM)

调幅式转换电路如图 4-5 所示，石英振荡器产生稳频稳幅的高频振荡电压(100 kHz～1 MHz)用于激励电涡流线圈。金属材料在高频磁场中产生电涡流，输出电压 U_0 反映了金属体对电涡流线圈的距离。当金属材料远离探头时，调节 C_0，产生谐振输出较大的 U_0。被测体靠近探头时，在高频磁场中产生电涡流，引起电涡流线圈端电压的衰减，再经高频放大器、检波器和低频放大器，最终输出直流电压 U_0。

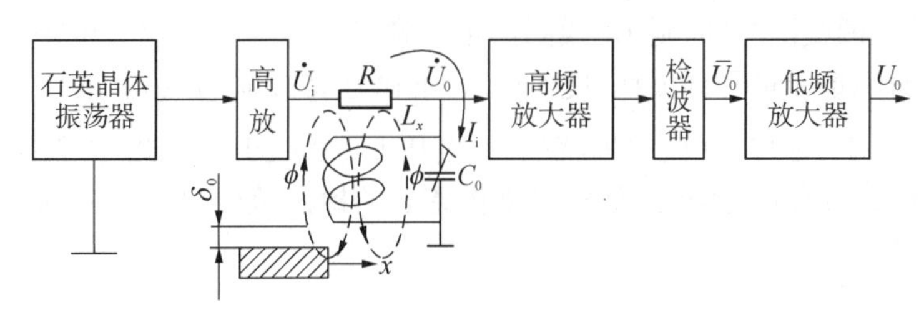

图 4-5　调幅式转换电路

被测体可以是导磁性物体也可以是非导磁性物体，与探头间距越小，输出电压就越低。

2. 调频式转换电路(FM)

在电涡流式传感器中，以 LC 振荡器的频率 f 作为输出量。当电涡流线圈与被测体的距离 x 改变时，电涡流线圈的电感量 L 也随之改变，引起 LC 振荡器的输出频率变化，此频率可以通过 F/V 转换器(又称为鉴频器)，将 f 转换为电压 U_0，由表头显示其电压值。也可以直接将频率信号(TTL 电平)送到计算机的计数器或定时器中，测量出频率的变化。鉴频器特性如图 4-6(b)所示。

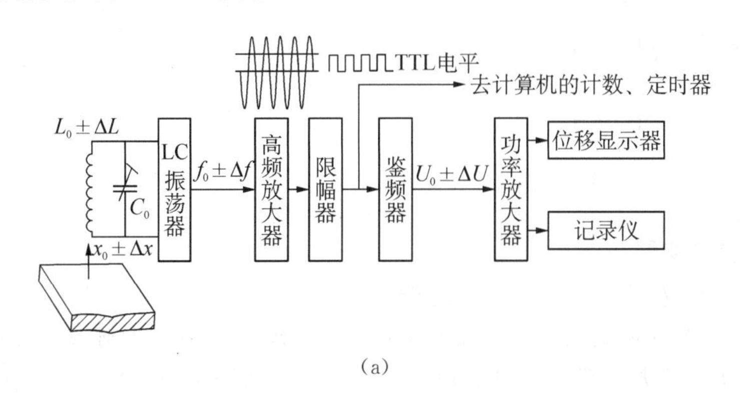

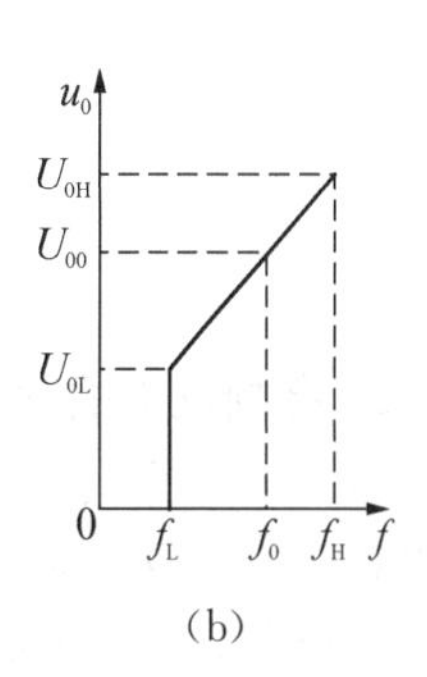

(a)　　(b)

图 4-6　调频式转换电路

(a) 信号流程　(b) 鉴频器特性

4.4 电涡流式传感器的应用

电涡流式传感器系统广泛应用于电力、石油、化工和冶金等行业，以及一些科研单位。用于汽轮机、水轮机、鼓风机、压缩机、空分机、齿轮箱和大型冷却泵等大型旋转机械轴上，在线测量和保护其径向振动、轴向位移、鉴相器、轴转速、胀差和偏心，以及转子动力学研究和零件尺寸检验等。

1. 低频透射式涡流厚度传感器

图 4－7 为透射式涡流厚度传感器的结构。在被测金属板的上方设有发射传感器线圈 L_1，在被测金属板下方设有接收传感器线圈 L_2。当在 L_1 上加低频电压 $\dot{U}_1$ 时，L_1 上产生交变磁通 ϕ_1，若两线圈间无金属板，则交变磁通直接耦合至 L_2 中，L_2 产生感应电压 $\dot{U}_2$。如果将被测金属板放入两线圈之间，则 L_1 线圈产生的磁场将导致在金属板中产生电涡流，并将贯穿金属板，此时磁场能量受到损耗，使到达 L_2 的磁通将减弱为 ϕ_1'，从而使 L_2 产生的感应电压 $\dot{U}_2$ 下降。金属板越厚，涡流损失就越大，电压 $\dot{U}_2$ 就越小。因此，可根据电压 $\dot{U}_2$ 的大小得知被测金属板的厚度。透射式涡流厚度传感器的检测范围可达 1～100 mm，分辨率为 0.1 μm，线性度为 1%。

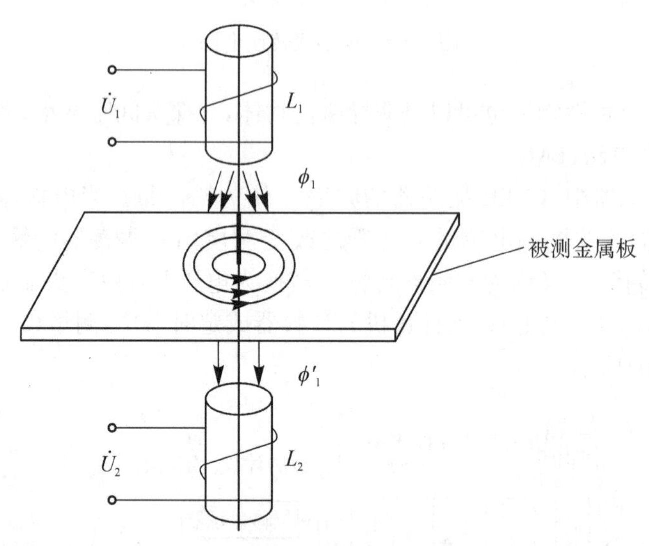

图 4－7　透射式涡流厚度传感器结构

2. 高频反射式涡流厚度传感器

如图 4－8 所示，为了克服带材不够平整或运行过程中上下波动的影响，在带材的上、下两侧对称地设置了两个特性完全相同的涡流传感器 S_1 和 S_2。S_1 和 S_2 与被测带材表面之间的距离分别为 x_1 和 x_2。若带材厚度不变，则被测带材上、下表面之间的距离总有 x_1、x_2 的和为一常数的关系。两传感器的输出电压之和为 $2U_0$，数值不变。如果被测带材厚度改变量为 $\Delta\delta$，则两传感器与带材之间的距离也改变一个 $\Delta\delta$，两传感器输出电压此时为 $2U_0 \pm \Delta U_0$。ΔU_0 经放大器放大后，通过指示仪表即可指示出带材的厚度变化值。带材厚度给定值与偏差指示值的代数和就是被测带材的厚度。

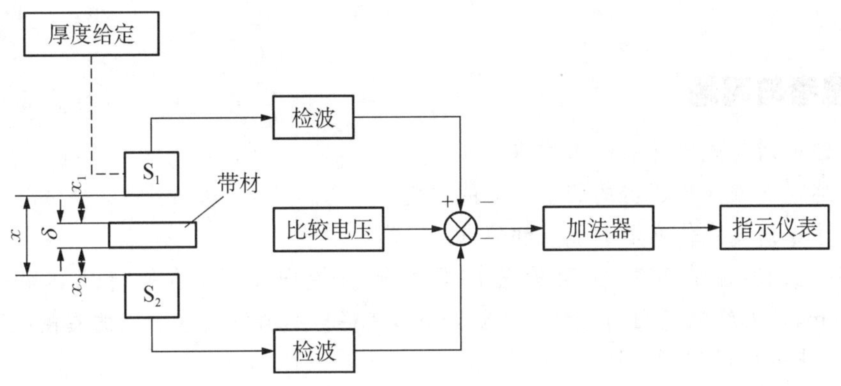

图 4-8　高频反射式涡流测厚仪测试系统

3. 轴向位移测量

测量轴的轴向位移时，测量面应该与轴是一个整体，这个测量面是以探头的中心线为中心，宽度为 1.5 倍的探头圆环。探头安装距离距止推法兰盘不应超过 305 mm(API 670 标准推荐值)，否则测量结果不仅包含轴向位移的变化，而且包含胀差在内的变化，这样测量的就不是轴的真实位移值。

4. 齿轮转速测量

转速的测量实际上是对转子旋转引起的周期信号的频率进行测量。转速测量方法有多种，我们采用计数法进行转速测量，即在一定时间间隔内，根据被测信号的周期数求转速。如图 4-9 所示，测速圆盘上有 $i=6$个突出的齿牙，转子每转一周，电涡流传感器将输出 6 个周期信号。假设单位为 s，齿轮数为 N，f 为频率，转子转速 n(单位为 r/min)，可由下式求得

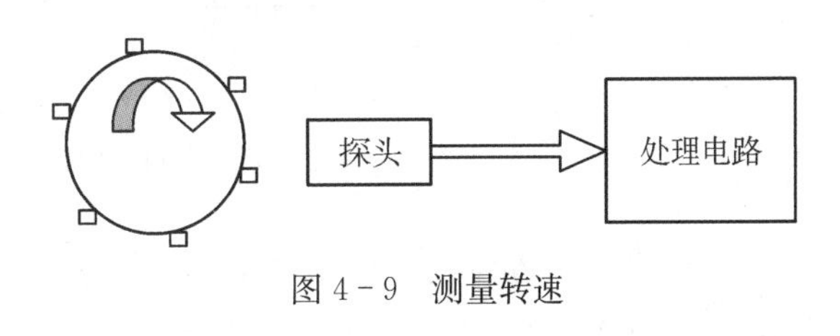

图 4-9　测量转速

$$n = 60\frac{f}{N} \tag{4-6}$$

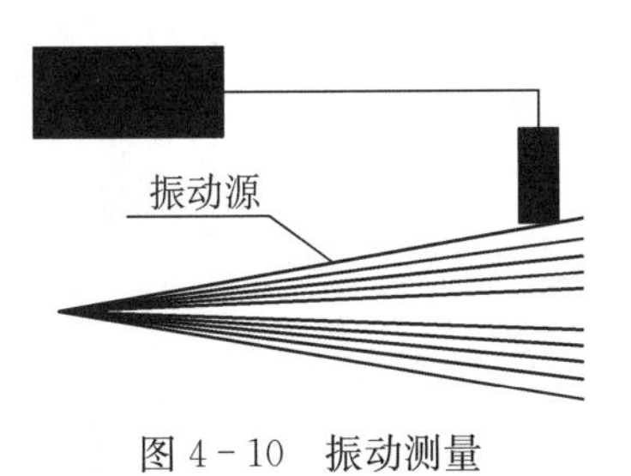

图 4-10　振动测量

5. 振动测量

电涡流探头用于振动测量时主要监视主轴相对于轴承座的相对振动，如图 4-10 所示。其工作原理是：电涡流探头的线圈和被测振动源之间距离的变化，可以变换为线圈的等效电感、等效阻抗和品质因素 3 个电参数的变化，再配以相应的前置放大器，可进一步把这 3 个电参数转换成电压信号，即可实现对振动的测量。

振动测量同样可以用于一般性小型机械的连续监测。

思考与习题

1. 简述电涡流式传感器的工作原理。

2. 简述电涡流式传感器的测量电路的种类。

3. 简述电涡流式传感器的优点和缺点。

4. 用一电涡流式测振仪测量某机器主轴的轴向窜动，已知传感器的灵敏度为2.5 mV/mm，最大线性范围(优于1%)为5 mm，现将传感器安装在主轴的右侧，使用高速记录仪记录下来的振动波形如图4-11所示。

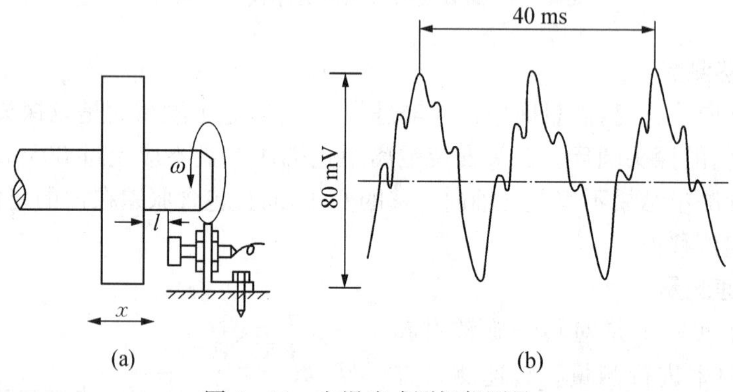

图4-11　电涡流式测振仪测量

(1) 轴向振动 $a_m \sin \omega t$ 的振幅 a_m 为________。

A. 1.6 mm　　B. 3.2 mm　　C. 8.0 mm　　D. 4.0 mm

(2) 主轴振动的基频 f 是________Hz。

A. 50　　B. 100　　C. 40　　D. 20

(3) 为了得到较好的线性度与最大的测量范围，传感器与被测金属的静态安装距离 l 为________mm为佳。

A. 5　　B. 2.5　　C. 10　　D. 1

第5章　电容式传感器

电容式传感器将被测量的变化转换为电容量的变化。实质上可以认为电容式传感器本身(或者与被测物一起)就是一个可变的电容器。电容式传感器结构简单、适应性强、动态特性较好、本身发热小,还可以进行非接触的测量。有了这些优点,电容测量技术就可以广泛应用于位移、压力、厚度、液位、转速、振动、加速度、角度、流量、面料以及成分含量等方面。随着电子技术的进一步发展,电容式传感器的分布电容和非线性等缺点会不断地被克服,其应用技术也在不断地拓展和改进,并且其精度和稳定性也在逐步提高。电容式传感器必将在未来得到更好的应用。

5.1　电容式传感器的工作原理和结构特性

5.1.1　电容式传感器工作原理

由物理学可知,由绝缘介质分开的两个平行金属板组成的平板电容器,如图5-1所示,如果不考虑边缘效应,其电容量为

$$C = \frac{\varepsilon A}{d} \tag{5-1}$$

式中:ε——电容极板间介质的介电常数,$\varepsilon = \varepsilon_0 \cdot \varepsilon_r$;

ε_0——真空介电常数,$\varepsilon_0 = 8.854 \times 10^{-12}$ F/m;

ε_r——极板间介质相对介电常数,对于空气介质,$\varepsilon_r \approx 1$;

A——两平行板所覆盖的面积;

d——两平行板之间的距离;

C——电容量。

当被测参数变化使得式(5-1)中的A,d或ε发生变化时,电容量C也随之变化。如果保持其中两个参数不变,而仅改变其中一个参数,就可把该参数的变化转换为电容量的变化,通过测量电路就可转换为电量输出。这就是电容式传感器的工作原理。

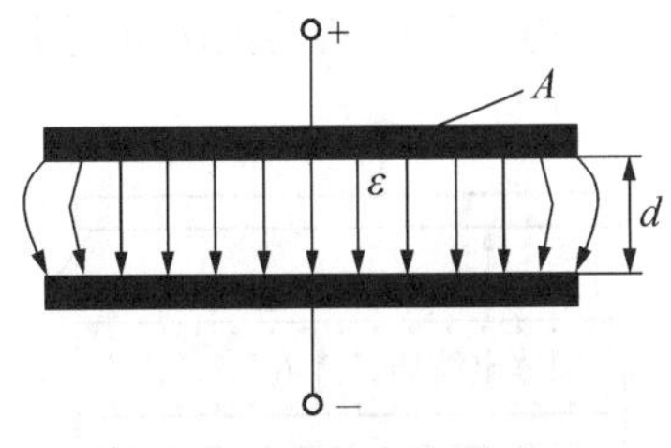

图5-1　平板电容器

5.1.2 电容式传感器类型

根据其工作原理，电容式传感器可分为改变极距d型、改变面积A型和改变介质的介电常数ε型这三种基本类型。它们的电极形状有平板形、圆柱形和球平面型3种。图5-2为不同类型的电容传感器，其中a和e为变极距型电容传感器，b、c、d、f、g和h为变面积型电容传感器，i、j、k和l为变介电常数型电容传感器等。

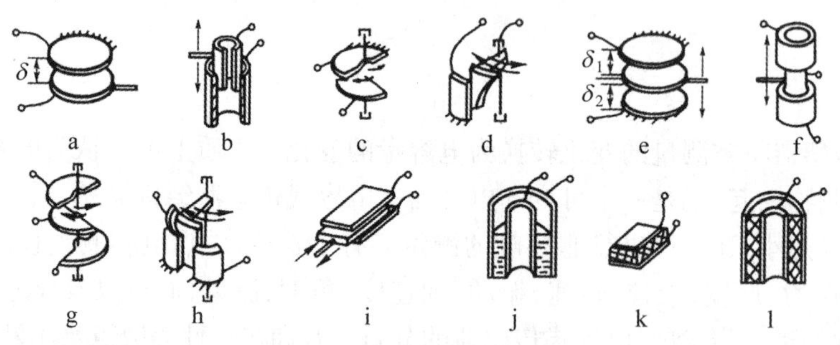

图5-2 各种电容式传感器

1. 变极距型电容传感器

当传感器的ε_r和A为常数，空气介质，初始极距为d_0时，由式(5-1)可知其初始电容量C_0为

$$C_0=\frac{\varepsilon_0\varepsilon_r A}{d_0}\approx\frac{\varepsilon_0 A}{d_0} \tag{5-2}$$

若电容器极板间距离由初始值d_0缩小Δd，电容量增大ΔC，则有

$$C_1=C_0+\Delta C=\frac{\varepsilon_0\varepsilon_r A}{d_0-\Delta d}=C_0\frac{1}{1-\Delta d/d_0} \tag{5-3}$$

当$\Delta d/d_0$很小的时候，可以得到

$$\frac{\Delta C}{C_0}=\frac{\Delta d}{d_0}\left[1+\frac{\Delta d}{d_0}+\left(\frac{\Delta d}{d_0}\right)^2+\left(\frac{\Delta d}{d_0}\right)^3+\cdots\right] \tag{5-4}$$

由式(5-4)可见，输出电容C的相对变化与输入位移Δd之间呈现的是一种非线性关系。因此，在误差范围内通过略去高次项得到其近似的线性关系：

$$\frac{\Delta C}{C_0}\approx\frac{\Delta d}{d_0} \tag{5-5}$$

电容传感器的灵敏度用K来表示，即

$$K=\frac{\Delta C}{C_0\Delta d}=\frac{1}{d_0} \tag{5-6}$$

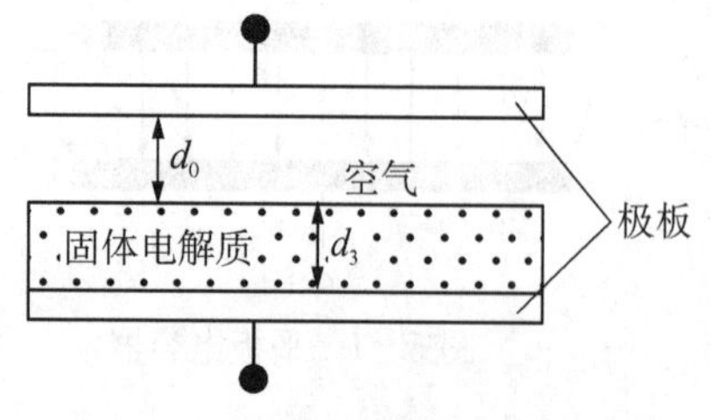

图5-3 高介电常数材料作介质的变间隙电容式传感器

由以上分析知：变极距型电容式传感器只有在$\Delta d/d_0$很小时，才有近似的线性输出。所以变极距型电容传感器在设计时要考虑满足$\Delta d\ll d_0$的条件，且一般Δd只能在极小的范围内变化。当d_0较小时，由式(5-5)得出对于同样的Δd变化所引起的ΔC可以增大，从

而使传感器灵敏度提高。但 d_0 过小又容易引起电容器击穿或短路。为此，极板间可采用高介电常数的材料（云母、塑料膜等）作介质（见图 5 - 3），平行极板间的介质就有固体和空气两种。此时电容 C 变为

$$C=\frac{A}{\frac{d_g}{\varepsilon_0\varepsilon_g}+\frac{d_0}{\varepsilon_0}} \tag{5-7}$$

式中：ε_g——云母的相对介电常数，$\varepsilon_g=7$；

ε_0——空气的介电常数，$\varepsilon_0=1$；

d_0——空气隙厚度；

d_g——云母片的厚度。

云母片的相对介电常数是空气的 7 倍，其击穿电压不小于 1 000 kV/mm，而空气的击穿电压仅为 3 kV/mm。因此有了云母片，极板间的距离可大大减小。同时，式（5 - 7）中的 $d_g/\varepsilon_0\varepsilon_g$ 项是恒定值，它能使传感器输出特性的线性度得到改善。

为了提高灵敏度和减小非线性，以及克服某些外界条件如电源电压、环境温度变化的影响，常采用差动式的电容传感器，其原理结构如图 5 - 4 所示。未开始测量时将活动极板调整在中间位置，两边电容相等。测量时，中间极板向上或向下平移，就会引起电容量的上增下减或反之。

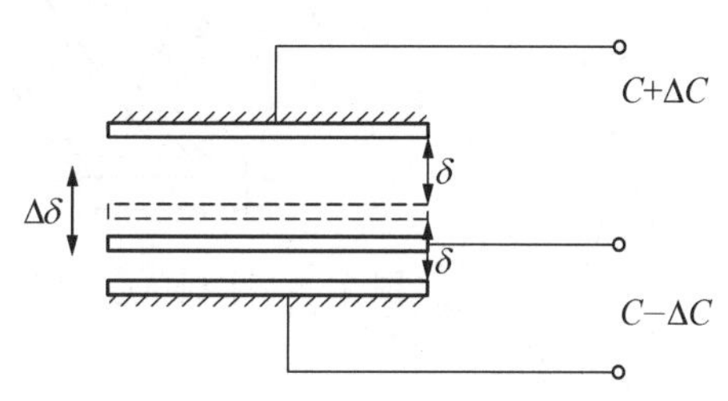

图 5 - 4　差动式的电容传感器结构

一般变极距型电容式传感器的起始电容在 20～100 pF 之间，极板间距在 25～200 μm 的范围内，最大位移应小于间距的 1/10，故在微位移测量中应用最广。

近年来，随着计算机技术的发展，电容传感器大多都配置了单片机，所以其非线性误差可用微机来计算修正。

2. 改变面积型电容式传感器

图 5 - 5 是一些变面积型电容传感器的结构，其中，图（a）、（b）、（c）为单边式，图（d）为差动式。与变极距型相比，变面积型电容传感器的测量范围大，可以用来测较大的线位移或角位移。当被测量变化使可动极 2 位置移动时，就改变了两极板间的遮盖面积，电容量 C 也就随之变化。

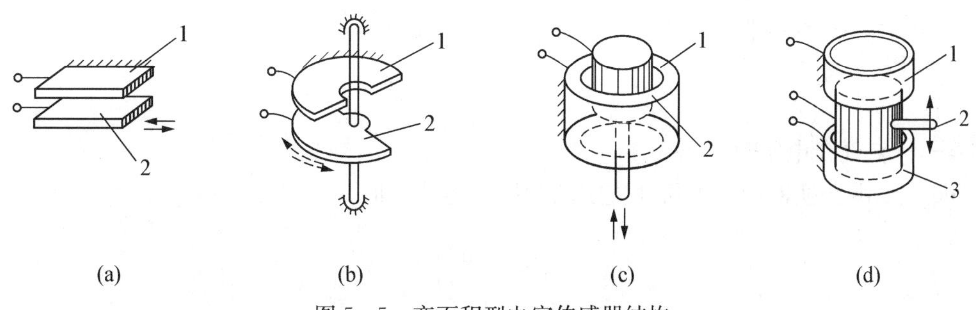

图 5 - 5　变面积型电容传感器结构

对于平板单边直线位移式(见图 5-6),若忽略边缘效应,当动极板相对于定极板沿着长度方向平移时,其电容变化量化为

$$\Delta C = C - C_0 = \frac{\varepsilon_0 \varepsilon_r (a - \Delta x) b}{d} \tag{5-8}$$

电容相对变化量为

$$\frac{\Delta C}{C_0} = \frac{\Delta A}{A} \tag{5-9}$$

由此可见,这种形式的传感器其电容量 C 与水平位移 ΔA 是线性关系。

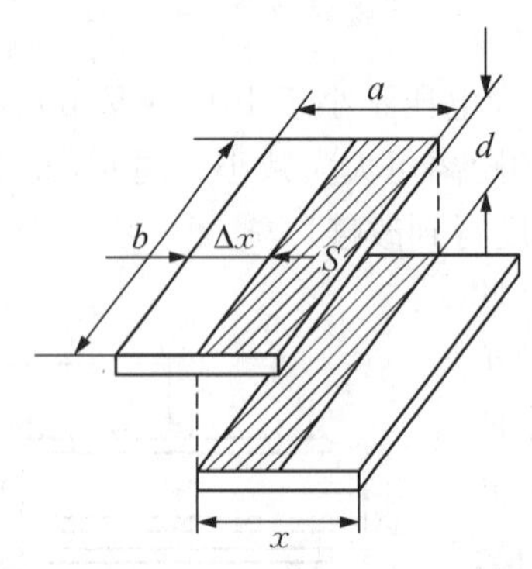

图 5-6　平板单边直线位移式

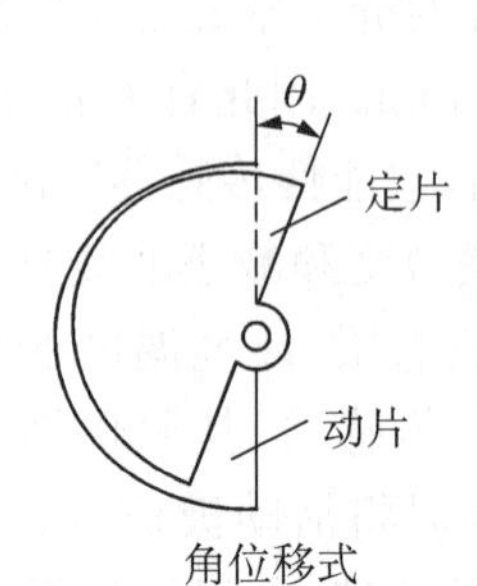

图 5-7　角位移变面积型电容式传感器

对于角位移变面积型,如图 5-7 所示。

3. 改变介质型电容式传感器

因为各种介质的相对介电常数不同,所以在电容器两极板间插入不同介质时,电容器的电容量也就不同。

图 5-8 是一种变极板间介质的电容式传感器,用于测量液位高低。设被测介质的介电常数为 ε_1,液面高度为 h,变换器总高度为 H,内筒外径为 d,外筒内径为 D,此时变换器电容值为

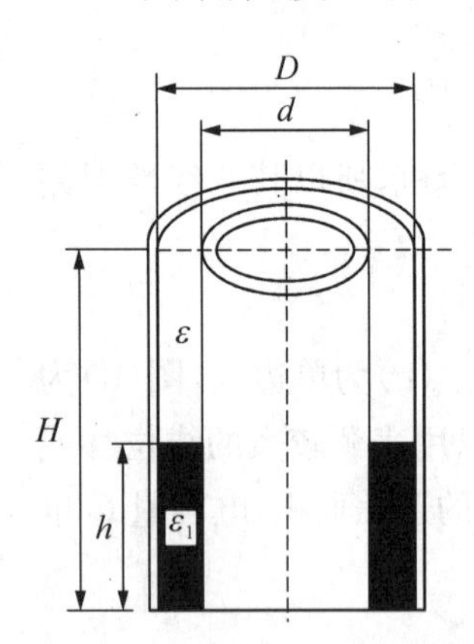

图5-8　电容式液位变换器结构

$$C = \frac{2\pi\varepsilon_1 h}{\ln\frac{D}{d}} + \frac{2\pi(H-h)}{\ln\frac{D}{d}} = \frac{2\pi\varepsilon H}{\ln\frac{D}{d}} + \frac{2\pi h(\varepsilon_1 - \varepsilon)}{\ln\frac{D}{d}} = C_0 + \frac{2\pi h(\varepsilon_1 - \varepsilon)}{\ln\frac{D}{d}} \tag{5-10}$$

式中:ε——空气介电常数;

C_0——由变换器的基本尺寸决定的初始电容值,即

$$C_0 = \frac{2\pi\varepsilon H}{\ln\frac{D}{d}} \tag{5-11}$$

由式(5－11)可见,此变换器的电容增量正比于被测液位高度 h。

变介质型电容传感器有较多的结构形式,可以用来测量纸张、绝缘薄膜等的厚度,也可用来测量粮食、纺织品、木材或煤等非导电固体介质的湿度。

下表列出了几种常用气体、液体、固体介质的相对介电常数。

表 5－1　常用气体、液体、固体介质的相对介电常数

介质名称	相对介电常数 r	介质名称	相对介电常数
真空	1	玻璃釉	3～5
空气	略大于 1	SiO_2	38
其他气体	1～1.2	云母	5～8
变压器油	2～4	干的纸	2～4
硅油	2～3.5	干的谷物	3～5
聚丙烯	2～2.2	环氧树脂	3～10
聚苯乙烯	2.4～2.6	高频陶瓷	10～160
聚偏二氟乙烯	3～5	纯净的水	80
聚四氟乙烯	2.0	低频陶瓷、压电陶瓷	1 000～10 000

5.2　电容式传感器的等效电路

电容式传感器的等效电路如图 5－9 所示。图中考虑了电容器的损耗和电感效应,R_p 为并联损耗电阻,它代表极板间的泄漏电阻和介质损耗。这些损耗在低频时影响较大,随着工作频率增高,容抗减小,其影响就减弱。R_s 代表串联损耗,即代表引线电阻、电容器支架和极板电阻的损耗。电感 L 由电容器本身的电感和外部引线电感组成。

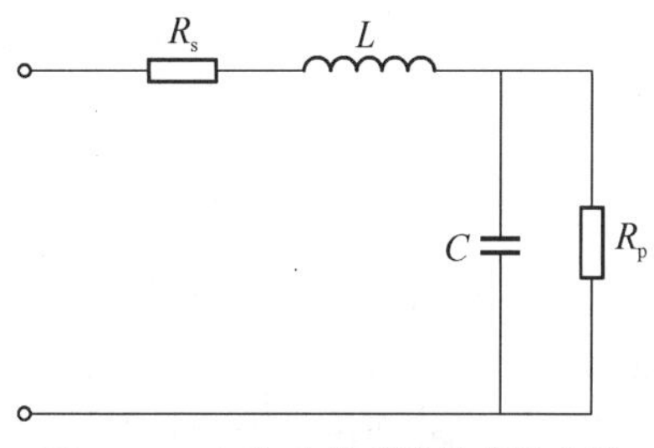

图 5－9　电容式传感器的等效电路

由等效电路可知,它有一个谐振频率,通常为几十兆赫。当工作频率等于或接近谐振频率时,谐振频率会破坏电容的正常作用。因此,工作频率应该选择低于谐振的频率,否则电容式传感器无法正常工作。

传感元件的有效电容 C_e 可由下式求得(为了计算方便,忽略 R_s 和 R_p)

$$\frac{1}{j\omega C_e} = j\omega L + \frac{1}{j\omega C}$$

$$C_e = \frac{1}{1-\omega^2 LC} \tag{5-12}$$

$$\Delta C_e = \frac{\Delta C}{1-\omega^2 LC} + \frac{\omega^2 LC\Delta C}{(1-\omega^2 LC)^2} = \frac{\Delta C}{(1-\omega^2 LC)^2}$$

在这种情况下，电容的实际相对变化量为

$$\frac{\Delta C_e}{C_e}=\frac{\Delta C/C}{1-\omega^2 LC} \tag{5-13}$$

式(5-13)表明电容式传感器的实际相对变化量与传感器的固有电感 L 的角频率 ω 有关。因此，在实际应用时必须与标定的条件相同。

5.3 电容式传感器的测量电路

一般传感器的输出信号不能直接拿来进行显示或传输，往往需要连接一定的测量电路才能正常工作。电容式传感器中电容值以及电容变化值都十分微小，不能直接由显示仪表显示，也很难被记录仪所接受，不便于传输。这就必须借助于测量电路检出这一微小的电容增量，并将其转换成与其成单值函数关系的电压、电流或者频率。电容转换电路有调频电路、运算放大器式电路、二极管双 T 型交流电桥和脉冲宽度调制电路等。

1. 调频测量电路

调频测量电路把电容式传感器作为振荡器谐振回路的一部分。当输入量导致电容量发生变化时，振荡器的振荡频率就会跟着发生变化。

虽然可将频率作为测量系统的输出量，用于判断被测非电量的大小，但此时系统是非线性的，不易校正，因此加入鉴频器，将频率的变化转换为振幅的变化，经过放大就可以用仪器指示或记录仪记录下来。调频测量电路原理如图 5-10 所示，调频式测量电路如图5-11所示。

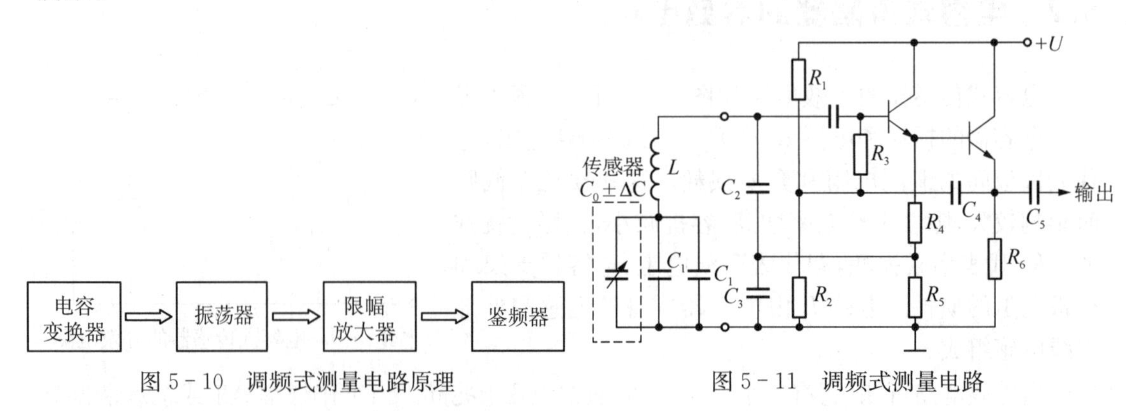

图 5-10 调频式测量电路原理

图 5-11 调频式测量电路

图中调频振荡器的振荡频率为

$$f=\frac{1}{2\pi\sqrt{LC}} \tag{5-14}$$

式中：L——振荡回路的电感；

C——振荡回路的总电容，$C=C_1+C_2+C_0\pm\Delta C$；

C_1——振荡回路固有电容；

C_2——传感器引线分布电容；

$C_0\pm\Delta C$——传感器的电容。

当被测信号为0时，$\Delta C=0$，则$C=C_1+C_2+C_0$，所以振荡器有一个固有频率f_0，其表达式为

$$f_0=\frac{1}{2\pi\sqrt{(C_1+C_2+C_0)L}}$$

当被测信号不为0时，$\Delta C\neq 0$，振荡器频率有相应变化，此时频率为

$$f=\frac{1}{2\pi\sqrt{(C_1+C_2+C_0\mp\Delta C)L}}=f_0\pm\Delta f$$

调频电容传感器测量电路具有较高的灵敏度，位移的测量精度可达0.01 μm。信号的输出频率易于用数字仪器测量，并与计算机通讯，抗干扰能力强，可以发送、接收，以达到遥测遥控的目的。

2. 运算放大器式电路

运算放大器的放大示数K非常大，而且输入阻抗Z_i很高。运算放大器的这一特点可以使其作为电容式传感器的比较理想的测量电路。图5-12是运算放大器式电路的原理。C_x为电容式传感器，U_i是交流电源电压，U_0是输出信号电压，Σ是虚地点。运算放大器式电路最大的特点是能克服变极距型电容传感器的非线性。

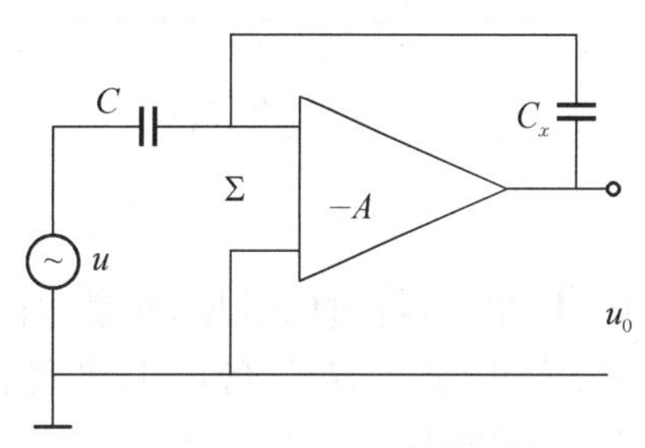

图5-12　运算放大器式电路原理

图中：C_x——传感器电容；

C——固定电容；

u_0——输出电压信号。

由运算放大器工作原理可知

$$u_0=-\frac{1/(j\omega C_x)}{1/(j\omega C)}u=-\frac{C}{C_x}u,\ C_x=(\varepsilon S)/\delta$$

整理得

$$u_0=-\frac{uC}{\varepsilon S}\delta \tag{5-15}$$

可见运算放大器的输出电压与动极板的板间距离δ成正比。运算放大器电路解决了单个变极距型电容式传感器的非线性问题。这就从原理上保证了变极距型电容式传感器的线性。

式(5-15)是在运算放大器的放大倍数和输入阻抗无限大的条件下得出的，即假设放大器开环放大倍数$A=\infty$，输入阻抗$Z_i=\infty$，因此仍然存在一定的非线性误差，但一般A和Z_i足够大，所以这种误差很小。

3. 二极管双T形交流电桥

图5-13是二极管双T形交流电桥电路原理图。e是高频电源，它提供了幅值为U的对称方波，V_{D1}、V_{D2}为特性完全相同的两只二极管，固定电阻$R_1=R_2=R$，C_1、C_2为传感器的两个差动电容。

当传感器没有输入时，$C_1=C_2$。其电路工作原理如下：当e为正半周时，二极管V_{D1}导通，V_{D2}截止，于是电容C_1充电，其等效电路如图5-13(b)所示，在随后负半周出现时，电容

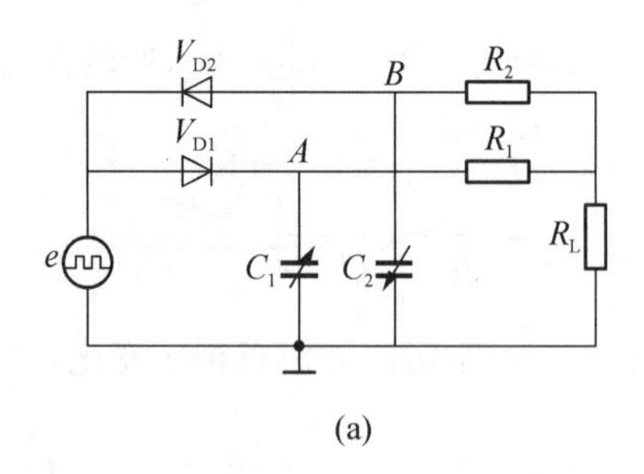

(a)

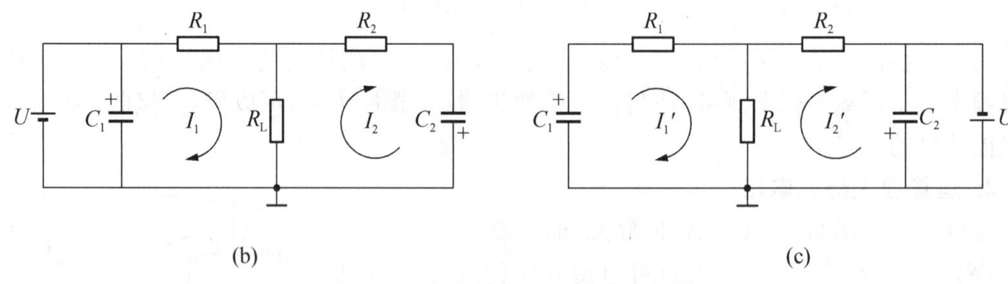

(b) (c)

图 5-13 二极管双 T 形交流电桥

C_1 上的电荷通过电阻 R_1，负载电阻 R_L 放电，流过 R_L 的电流为 I_1。当 e 为负半周时，V_{D2} 导通，V_{D1} 截止，则电容 C_2 充电，其等效电路如图 5-13(c) 所示，在随后出现正半周时，C_2 通过电阻 R_2，负载电阻 R_L 放电，流过 R_L 的电流为 I_2。根据上面所给的条件，则电流 $I_1=I_2$，且方向相反，在一个周期内流过 R_L 的平均电流为零。

若传感器输入不为 0，则 $C_1\neq C_2$，$I_1\neq I_2$，此时在一个周期内通过 R_L 上的平均电流不为零，因此产生输出电压，输出电压在一个周期内平均值为

$$\begin{aligned}U_0 &= I_L R_L = \frac{1}{T}\int_0^T [I_1(t)-I_2(t)]dtR_L \approx \frac{R(R+2R_L)}{(R+R_L)}\cdot R_L Uf(C_1-C_2)\\ &= UfM(C_1-C_2)\end{aligned} \tag{5-16}$$

式中：f——电源频率；

$M=\left[\dfrac{R(R+2R_L)}{(R+R_L)^2}\right]\cdot R_L=$ 常数。

由式(5-16)可知，输出电压 U_0 不仅与电源电压幅值和频率有关，而且与 T 形网络中的电容 C_1 和 C_2 的差值有关。当电源电压确定后，输出电压 U_0 是电容 C_1 和 C_2 的函数。该电路输出电压较高，当电源频率为 1.3 MHz，电源电压 $U=46$ V 时，电容在 $-7\sim7$ pF 变化，可以在 1 MΩ 负载上得到 $-5\sim5$ V 的直流输出电压。电路的灵敏度与电源电压幅值和频率有关，故输入电源要求稳定。当 U 幅值较高，使二极管 V_{D1}、V_{D2} 工作在线性区域时，测量的非线性误差很小。电路的输出阻抗与电容 C_1、C_2 无关，而仅与 R_1、R_2 和 R_L 有关，约为 1～100 kΩ。输出信号的上升沿时间取决于负载电阻。对于 1 kΩ 的负载电阻上升时间为 20 μs 左右，故可用来测量高速的机械运动。

5.4　电容式传感器的应用

电容式传感器可用来测量直线位移、角位移、振动振幅，尤其适合测量高频振动振幅、精密轴系回转精度、加速度等机械量。变极距型的传感器适用于较小位移的测量，变面积型的传感器能测量量程为零点几毫米至数百毫米之间的位移。电容式角度和角位移传感器广泛用于精密测角，如用于高精度陀螺和摆式加速度计。电容式测振幅传感器可测量峰值为 0.50 μm的振幅，测量频率为 10～20 kHz，灵敏度高于 0.01 μm，非线性误差小于 0.05 μm。

1. 电容式压力传感器

图 5-14 为差动电容式压力传感器的结构。其为一个膜片动电极和两个在凹形玻璃上电镀成的固定电极组成的差动电容器，具有结构简单、灵敏度高、响应速度快(约 100 ms)、能测微小压差(0～0.75 Pa)、真空或微小绝对压力等优点。

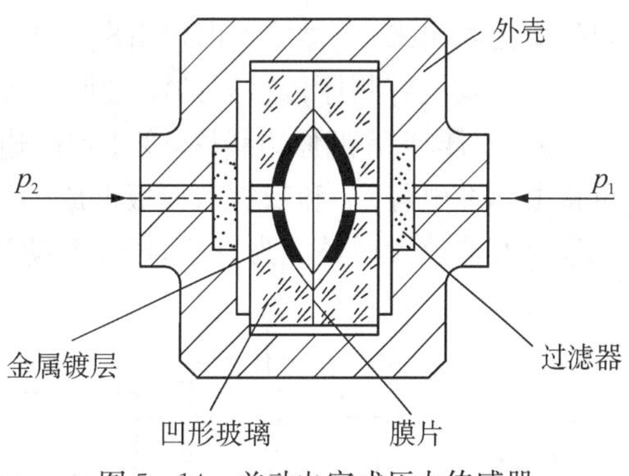

图 5-14　差动电容式压力传感器

当被测压力或压力差作用于膜片并使之产生位移时，形成两个电容器的电容量变化，一个增大，一个减小。该电容值的变化经测量电路转换成与压力或压力差相对应的电流或电压的变化。

2. 电容式加速度传感器

电容式加速度传感器的主要特点是频率响应快和量程范围大，大多采用空气或其他气体作阻尼物质，具有精度较高、频率响应范围宽、量程大等特点。

常用的差动式电容式加速度传感器结构如图 5-15 所示。它有两个固定极板(与壳体绝缘)，中间是一个用弹簧片支撑的质量块，此质量块的两个端面经过磨平抛光后作为可动极板(与壳体电连接)。

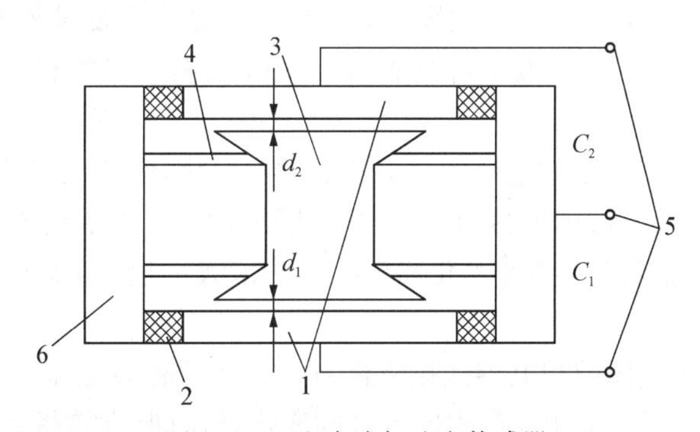

图 5-15　电容式加速度传感器

1—固定电极；2—绝缘垫；3—质量块；4—弹簧；5—输出端；6—壳体

当传感器壳体随被测对象在垂直方向上作直线加速运动时，质量块由于惯性在空间中相对静止，而两个固定电极将相对质量块在垂直方向上产生大小正比于被测加速度的位移。

此位移使两电容的间隙发生变化，一个增加，一个减小，从而使 C_1、C_2 产生大小相等，符号相反的变化量，此增量正比于被测加速度。

电容式加速度传感器的主要特点是频率响应快和量程范围大，大多采用空气或其他气体作阻尼物质。

3. 差动式电容测厚传感器

电容测厚传感器是用来在金属带材轧制过程中进行厚度检测的，其工作原理是在被测带材的上下两侧各置放一块面积相等，与带材距离相等的极板，这样极板与带材就构成了两个电容器 C_1 和 C_2。把两块极板用导线连接起来成为一个极，而带材就是电容的另一个极，其总电容为 C_1、C_2 之和，如果带材的厚度发生变化，将引起电容量的变化，用交流电桥将电容的变化测出来，经过放大即可由电表指示测量结果。

差动式电容测厚传感器的测量原理如图 5－16 所示。音频信号发生器产生的音频信号，接入变压器 T 的原边线圈，变压器副边的两个线圈作为测量电桥的两臂，电桥的另外两桥臂由标准电容 C_0 和带材与极板形成的被测电容 C_x（$C_x = C_1 + C_2$）组成。电桥的输出电压经放大器放大后整流为直流，再经差动放大，即可用指示电表指示出带材厚度的变化。

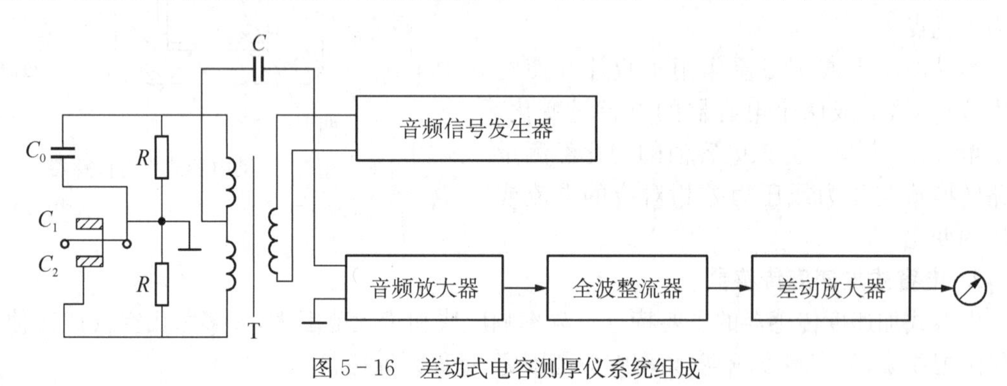

图 5－16　差动式电容测厚仪系统组成

4. 电容式传感器的其他应用

1）湿度测量

在工农业生产、气象、环保、国防、科研、航天等部门，经常需要对环境湿度进行测量及控制。湿敏电容一般是用高分子薄膜电容制成的，常用的高分子材料有聚苯乙烯、聚酰亚胺和酪酸醋酸纤维等。

当环境湿度发生改变时，湿敏电容的介电常数发生变化，使其电容量也发生变化，其电容变化量与相对湿度成正比。湿敏电容的主要优点是灵敏度高、产品互换性好、响应速度快、湿度的滞后量小、便于制造、容易实现小型化和集成化，其精度一般比湿敏电阻要低一些。

2）电容式键盘

常规的键盘有机械式按键和电容式按键两种。电容式键盘是基于电容式开关的键盘，原理是通过按键改变电极间的距离产生电容量的变化，暂时形成震荡脉冲允许通过的条件。理论上这种开关是无触点非接触式的，磨损率极小甚至可以忽略不计，也没有接触不良的隐患，噪音小，容易控制手感，因此电容式键盘比机械式键盘质量高，但同时其工艺较复杂。

3）电容传声器

传声器（Microphone）俗称话筒，音译作麦克风，是一种声-电换能器件，可分动电和静电

两类，目前广播、电视和娱乐等方面使用的传声器，绝大多数是动圈式和电容式。

电容传声器以振膜与后极板间的电容量变化通过前置放大器变换为输出电压。它能提供非常高的音响质量，频率响应宽而平坦，是高性能传声器，但这种传声器制造工艺复杂，价格高，一般在专业领域使用较多。

4）指纹识别

指纹识别目前最常用的是电容式传感器，也被称为第二代指纹识别系统。它的优点是体积小、成本低、成像精度高，而且耗电量很小，因此非常适合在消费类电子产品中使用。

电容式指纹传感器有单触型和划擦型两种，是目前最新型的固态指纹传感器，它们都是通过在触摸过程中电容的变化来进行信息采集。

人类的指纹由紧密相邻的凹凸纹路构成，通过每个像素点上利用标准参考放电电流进行放电前后对比，便可检测到指纹的纹路状况。每个像素先预充电到某一参考电压，然后由参考电流放电。处于指纹的凸起下的像素（电容量高）放电较慢，而处于指纹的凹处下的像素（电容量低）放电较快。

指纹识别所需电容传感器包含一个大约有数万个金属导体的阵列，其外面是一层绝缘的表面，当用户的手指放在上面时，金属导体阵列-绝缘物-皮肤就构成了相应的小电容器阵列。它们的电容值随着脊（近的）和沟（远的）与金属导体之间的距离不同而变化。

思考与习题

1. 电容式传感器的工作原理。
2. 电容式传感器的测量电路的种类。
3. 电容式传感器的主要性能。
4. 简述电容式传感器的优点和缺点。
5. 现有一只同心圆筒形电容式位移传感器如下图5-17所示，$L=25\,\mathrm{mm}$两个外筒A、B半径$R=6\,\mathrm{mm}$，内筒C的半径$r=4.5\,\mathrm{mm}$；内电极连屏蔽套管与A构成可变电容C_x，BC构成固定电容C_F，信号源$U_i=6\,\mathrm{V}$，同心圆筒电容公式$C=\dfrac{\varepsilon L}{1.8\ln\dfrac{R}{r}}$。采用理想运放测量电路。

（1）推导输出电压u_0与被测位移x成正比时的表达式，并在图中标明C_x、C_F的连接位置。

（2）求该传感器输出电容-位移灵敏度$Kc_x=$？

（3）求该测量电路输出电压-位移灵敏度$Ku_x=$？

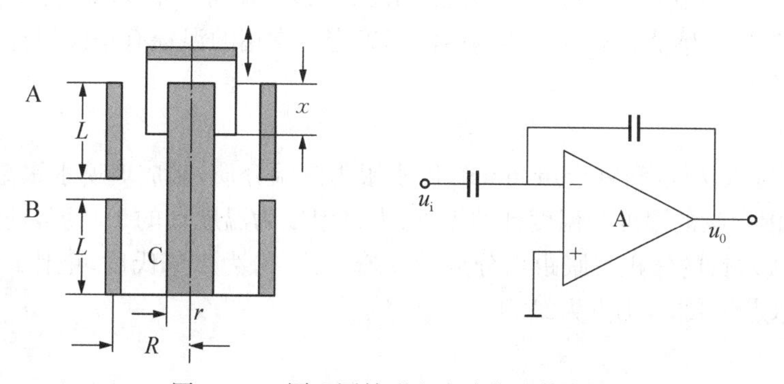

图5-17 同心圆筒形电容式位移传感器

第6章　热电偶传感器

使用测温仪表可以对物体的温度进行定量的测量。测量温度时，总是选择一种在一定温度范围内随温度变化的物理量作为温度的标志，根据所依据的物理定律，由该物理量的数值显示被测物体的温度。目前，温度测量的方法已达数十种。而热电偶传感器是温度测量仪表中较为常用的，使用时通常和显示仪表、记录仪表和电子调节器配套使用。

热电偶传感器具有以下特点：

(1) 装配简单，更换方便。

(2) 压簧式感温元件，抗震性能好。

(3) 测量范围大(－200℃～1 300℃，特殊情况下－270℃～2 800℃)。

(4) 机械强度高，耐压性能好。

(5) 耐高温可达2 800度。

本章首先介绍温度测量的基本概念，然后分析热电偶的工作原理、分类及其使用方法等。

6.1　温度概述

1. 温度与温标

温度是工业生产和科学实验中一个非常重要的参数。物体的许多物理现象和化学性质都与温度有关。许多生产过程都是在一定的温度范围内进行的，因此，需要对温度进行测量和控制。

温度是表征物体冷热程度的物理量。温度不能直接加以测量，只能借助于冷热不同的物体之间的热交换，以及物体的某些物理性质随着冷热程度不同而变化的特性间接测量。

为了定量地描述温度的高低，必须建立温度标尺，即温标。温标就是温度的数值表示。各种温度计和温度传感器的温度数值均由温标确定。常用的温标有华氏温标、摄氏温标、热力学温标和国际温标。

1) 华氏温标(℉)

1714年德国人法勒海特(Fahrenheit)以水银为测温介质，制成玻璃水银温度计，选取氯化铵和冰水的混合物的温度为温度计的零度，人体温度为温度计的100度，把水银温度计从0度到100度按水银的体积膨胀距离分成100份，每一份为1华氏度，记作1℉。按照华氏温标，则水的冰点为32℉，沸点为212℉。

2) 摄氏温标(℃)

1740年瑞典人摄氏(Celsius)提出在标准大气压下,把水的冰点规定为0度,水的沸点规定为100度。根据水这两个固定温度点来对玻璃水银温度计进行分度。两点间作100等分,每一份称为1摄氏度,记作1℃。

摄氏温度和华氏温度的关系是

$$T°\mathrm{F} = t℃ + 32 \tag{6-1}$$

式中:T——华氏温度值;

t——摄氏温度值。

3) 热力学温标(K)

1848年由开尔文(Ketvin)提出的以卡诺循环(Carnot cycle)为基础建立的热力学温标,是一种理想而不能真正实现的理论温标。该温标为了在分度上和摄氏温标相一致,把理想气体压力为零时对应的温度——绝对零度(是在实验中无法达到的理论温度,而低于0 K的温度不可能存在)与水的三相点温度分为273.16份,每份为1 K(Kelvin)。热力学温度的单位为"K",它是国际单位制中七个基本物理单位之一。

4) 国际温标

第一个国际温标是1927年第七届国际计量大会决定采用的国际实用温标。此后在1948、1960、1968年经多次修订,形成了近20多年各国普遍采用的国际实用温标称为IPTS-68。

1989年7月第77届国际计量委员会批准建立了新的国际温标,简称ITS-90。ITS-90的基本内容有以下四点。

(1) 重申国际实用温标单位仍为K,1 K等于水的三相点时温度值的1/273.16。

(2) 把水的三相点时温度值定义为0.01℃(摄氏度),同时相应把绝对零度修订为－273.15℃;这样国际摄氏温度(℃)和国际实用温度(K)在实际应用中,为书写方便,通常直接用分别代表和。

(3) 规定把整个温标分成4个温区,其相应的标准仪器如下:

① 0.65～5.0 K,用3He和4He蒸汽温度计;

② 3.0～24.556 1 K,用3He和4He定容气体温度计;

③ 13.803 K～961.78℃,用铂电阻温度计;

④ 961.78℃以上,用光学或光电高温计。

(4) 新确认和规定17个固定点温度值以及借助依据这些固定点和规定的内插公式分度的标准仪器来实现整个热力学温标。

2. 温度测量方法和分类

温度测量方法按感温元件是否与被测介质接触,可分为接触式与非接触式两大类。

接触式测温是使温度敏感元件和被测温度对象相接触,两者进行充分的热交换,当被测温度与感温元件达到热平衡时,温度敏感元件与被测温度对象的温度相等。因此,接触式测温直观可靠、精度相对较高,且测温仪表价格相对较低。但接触式测温时由于感温元件与被测介质直接接触,如果接触不良则可能会增加测温误差;被测介质具有腐蚀性及温度太高也会严重影响感温元件的性能和寿命。这类测温方法的温度传感器主要有:基于物体受热体积膨胀性质的膨胀式温度传感器,基于导体或半导体电阻值随温度变化的电阻式温度传感器，基于热电效应的热电偶温度传感器。

非接触式测温是应用物体的热辐射能量随温度的变化而变化的原理来进行测温的。物体辐射能量的大小与温度有关，并且以电磁波形式向四周辐射，当选择合适的接收检测装置时，便可测得被测对象发出的热辐射能量并且转换成可测量和显示的各种信号，实现温度的测量。这类测温传感器主要有光电高温传感器、红外辐射温度传感器、光纤高温传感器等。非接触式温度传感器理论上不存在热接触式温度传感器的测量滞后和在温度范围上的限制这些缺点，可测高温、腐蚀、有毒、运动物体及固体、液体表面的温度，不干扰被测温度场，但精度较低，使用不太方便。

两类测温方法的主要特点如表 6－1 所示。

表 6－1　接触式与非接触式测温特点比较

方式	接触式	非接触式
测量条件	温度敏感元件和被测温度对象接触，被测温度不超过感温元件能承受的上限温度	被测对象的辐射能充分照射到检测元件上
测量范围	特别适合 1 200℃以下、热容大、无腐蚀性对象的连续在线测温	原理上测温范围可以从超低温到极高温，但在 1 000℃以下，测温误差较大，能测运动物体和热容小的物体温度
精度	工业用表通常为 1.0、0.5、0.2、0.1 级，实验室用表可达 0.01 级	通常为 1.0、1.5、2.5 级
响应速度	响应速度过慢，不能用来测量运动中的物体温度	快速响应性好
其他特点	整个测温系统结构简单、体积小、可靠、维护方便、价格低廉，仪表读数直接反映被测物体实际温度	整个测温系统结构复杂、体积大、调整麻烦、价格昂贵；仪表读数通常只能反映被测物体表面温度

6.2　热电偶传感器的工作原理

热电偶是工程上应用最广泛的温度传感器。它的特点是测温范围宽、测量精度高、性能稳定、结构简单，且动态响应较好。热电偶的输出直接为电信号，可以远距离传输，便于集中检测和自动控制，在温度测量中占有及其重要的地位。

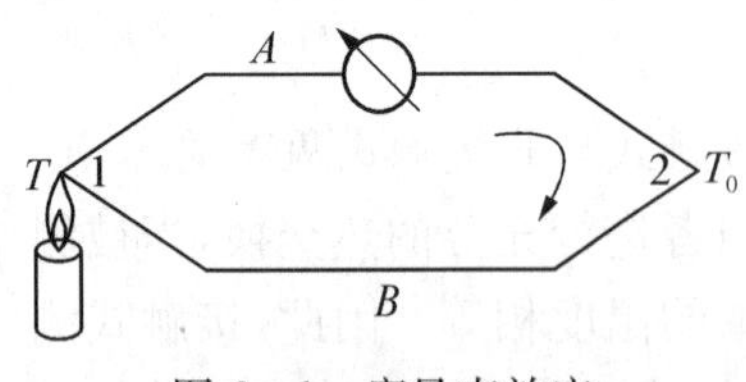

图 6－1　塞贝克效应

1. 热电偶测温原理

热电偶的测温原理是基于热电效应。将两种不同的导体 A 和 B 连成闭合回路，当两个接点处的温度不同时，回路中将产生热电势，由于这种热电效应现象是 1821 年塞贝克（Seeback）首先发现并提出的，故又称塞贝克效应（见图 6－1）。

人们把图 6－1 中两种不同材料构成的上述热电变换元件称为热电偶，导体 A 和 B 称为热电极，通常把两个热电极中的一个接点固定焊接，用于对被测介质进行温度测量，这一接

点称为测量端或工作端，俗称热端；两热电极另一接点处通常保持为某一恒定温度或室温，被称作参考端，俗称冷端。

在如图6-2所示的热电偶闭合回路中，所产生的热电势由两部分组成：接触电势和温差电势。接触电势是由于两种不同导体的自由电子密度不同而在接触处形成了电动势。两种导体接触时，自由电子由密度大的导体向密度小的导体扩散，在接触处失去电子的一侧带正电，得到电子的一侧带负电，形成稳定的接触电势，如图6-3所示。接触电势的数值取决于两种不同导体的性质和接触点的温度。两接点的接触电势 $E_{AB}(T)$ 和 $E_{AB}(T_0)$ 可表示为

$$E_{AB}(T)=\frac{KT}{e}\ln\frac{N_{AT}}{N_{BT}},\ E_{AB}(T_0)=\frac{KT_0}{e}\ln\frac{N_{AT_0}}{N_{BT_0}} \tag{6-2}$$

式中：K——波尔兹曼常数；

e——单位电荷电量；

N_{AT}、N_{BT}——温度为 T 时，导体A、B的电子密度；

N_{AT_0}、N_{BT_0}——温度为 T_0 时，导体A、B的电子密度。

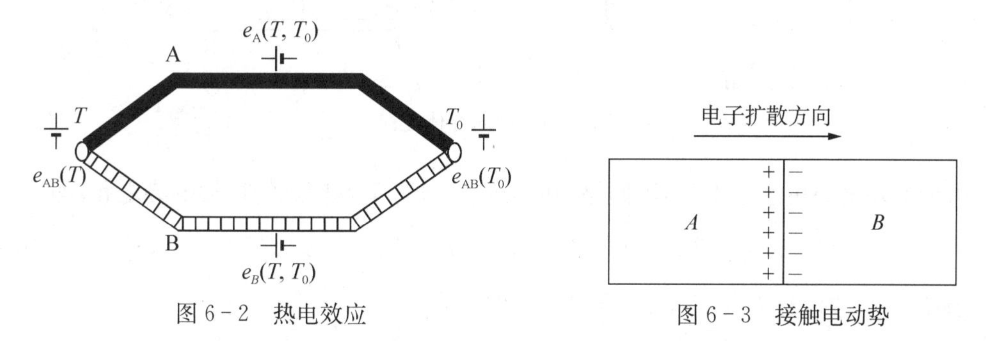

图6-2 热电效应　　图6-3 接触电动势

温差电势是同一导体的两端因其温度不同而产生的一种热电势。同一导体的两端温度不同时，高温端的电子能量要比低温端的电子能量大，因而从高温端跑到低温端的电子数比从低温端跑到高温端的要多，结果高温端因失去电子而带正电，低温端因获得多余的电子而带负电，因此，在导体两端便形成电势。其大小用公式表示为

$$E_A(T,\ T_0)=\frac{K}{e}\int_{T_0}^{T}\frac{1}{N_{AT}}\cdot\frac{d(N_{AT}\cdot t)}{\mathrm{d}t}\mathrm{d}t$$

$$E_B(T,\ T_0)=\frac{K}{e}\int_{T_0}^{T}\frac{1}{N_{BT}}\cdot\frac{d(N_{BT}\cdot t)}{\mathrm{d}t}\mathrm{d}t \tag{6-3}$$

式中：N_{AT} 和 N_{BT} 分别为导体 A 和 B 的电子密度，是温度的函数。

热电偶回路中产生的总热电势为

$$E_{AB}(T,\ T_0)=E_{AB}(T)+E_B(T,\ T_0)-E_{AB}(T_0)-E_A(T,\ T_0) \tag{6-4}$$

在总热电势中，温差电势比接触电势小很多，可忽略不计，因此，热电偶的热电势可表示为

$$E_{AB}(T,\ T_0)=E_{AB}(T)-E_{AB}(T_0) \tag{6-5}$$

对于已选定的热电偶，当参考端温度 T_0 恒定时，$E_{AB}(T_0)=C$ 为常数，则总的热电动势

就与温度 T 成单值函数关系，即

$$E_{AB}(T,\ T_0)=E_{AB}(T)-C \tag{6-6}$$

实际应用中，热电势与温度之间关系是通过热电偶分度表来确定的。分度表是在参考端温度为0℃时，通过实验建立起来的热电势与工作端温度之间的数值对应关系。用热电偶测温，还要掌握热电偶基本定律。下面简要介绍几个常用的热电偶定律。

2. 热电偶基本定律

1）中间导体定律

中间导体定律：如图 6－4 所示，在热电偶测温回路内，接入第三种导体，只要其两端温度相同，则对回路的总热电势没有影响。也就是说，利用热电偶进行测温时，在回路中引入连接导线和仪表后不会影响回路中的热电势。

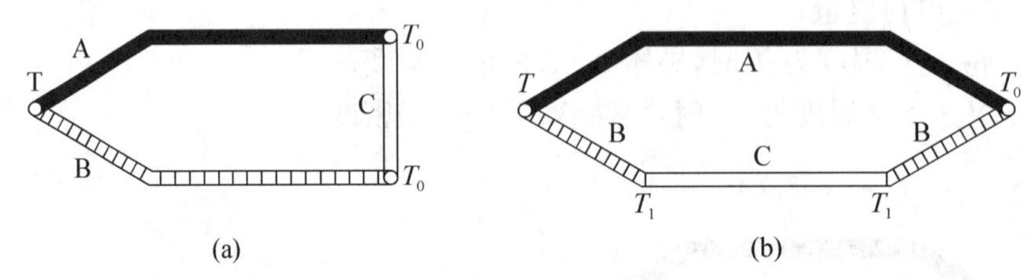

图 6－4　中间导体定律

由于温差电势可忽略不计，则回路中的总热电势等于各接点的接触电势之和，即

$$E_{ABC}(T,\ T_0)=E_{AB}(T)+E_{BC}(T_0)+E_{CA}(T_0) \tag{6-7}$$

当 $T=T_0$ 时，有 $E_{ABC}(T,\ T_0)=0$，故可得到

$$E_{AB}(T_0)=-E_{BC}(T_0)-E_{CA}(T_0) \tag{6-8}$$

将式(6－8)代入式(6－7)中可得

$$E_{ABC}(T,\ T_0)=E_{AB}(T)-E_{AB}(T_0)=E_{AB}(T,\ T_0) \tag{6-9}$$

同理，加入第四种、第五种导体后，只要加入的导体两端温度相等，同样不影响回路中的总热电势。图 6－5 为测量仪表及引线作为第三种导体的热电偶回路，由于仪表端两条端线的温度相同，所以仪表的引入不会对原热电势的值产生影响。

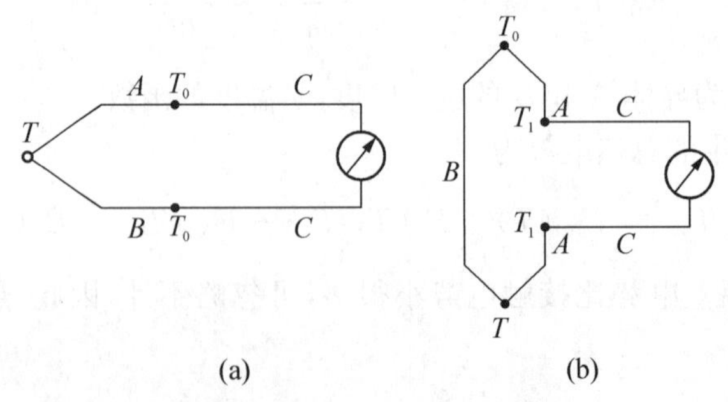

图 6－5　带仪表的热电偶回路

2）标准电极定律

如图6－6所示，若两种导体A、B分别与第三种导体C(常称为标准电极)组成热电偶，已经知道C与任意导体配对时的热电势，那么在相同温度下，A、B导体组成的热电偶的电动势满足

$$E_{AB}(T,\ T_0)=E_{AC}(T,\ T_0)-E_{BC}(T,\ T_0) \tag{6-10}$$

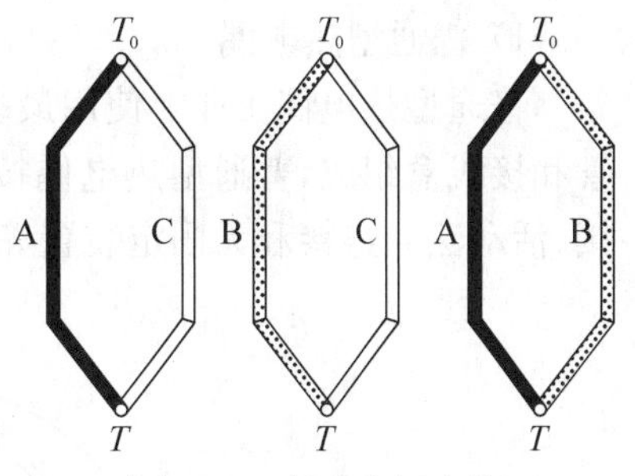

图6－6 标准电极定律

通常选用高纯铂丝作标准电极。只要测得它与各种金属组成的热电偶的热电动势，则各种金属间相互组合成热电偶的热电动势就可根据标准电极定律计算出来。

6.3 热电偶类型及结构

1. 热电偶类型

理论上讲，任何两种不同材料的导体都可以组成热电偶，但为了准确可靠地测量温度，对组成热电偶的材料必须经过严格的选择。工程上用于热电偶的材料必须满足以下条件：热电势变化尽量大，热电势与温度尽量接近线性关系，物理、化学性能稳定，易加工，复现性好，便于成批生产，有良好的互换性等。

实际上并非所有材料都能满足上述要求。目前在国际上被公认比较好的热电材料只有几种。国际电工委员会(IEC)向世界各国推荐8种标准化热电偶，分别为：铂铑$_{30}$-铂铑$_6$(B型热电偶)、铂铑$_{13}$-铂(R型热电偶)、铂铑$_{10}$-铂(S型热电偶)、镍铬-镍硅(K型热电偶)、镍铬硅-镍硅(N型热电偶)、镍铬-铜镍(E型热电偶)。所谓标准化热电偶，是指被列入工业标准化文件中，具有统一的分度表的热电偶。我国从1988年开始采用IEC标准生产热电偶。表6－2为几种常用的标准化热电偶的测温范围及热电势。

表6－2 几种常用热电偶的测温范围及热电势

分度号	名称	测量温度范围	1 000℃热电势/mV
B	铂铑$_{30}$-铂铑$_6$	50～1 820℃	4.834
R	铂铑$_{13}$-铂	−50～1 768℃	10.506
S	铂铑$_{10}$-铂	−50～1 768℃	9.587
K	镍铬-镍硅(铝)	−270～1 370℃	41.276
E	镍铬-铜镍(康铜)	−270～800℃	—

另外，目前还生产一些特殊用途的热电偶，以满足特殊测温的需要。如用于测量3 800℃超高温的钨镍系列热电偶，用于测量2～273 K的超低温的镍铬-金铁热电偶等。

2. 热电偶的结构形式

为了适应不同生产对象的测温要求和条件，热电偶的结构形式有普通型热电偶、铠装型热电偶和薄膜热电偶等。

1）普通型热电偶

普通型热电偶工业上使用最多，其结构如图 6－7 所示，一般由热电极、绝缘套管、保护管和接线盒组成，普通型热电偶按其安装时的连接形式可分为固定螺纹连接、固定法兰连接、活动法兰连接和无固定装置等多种形式。

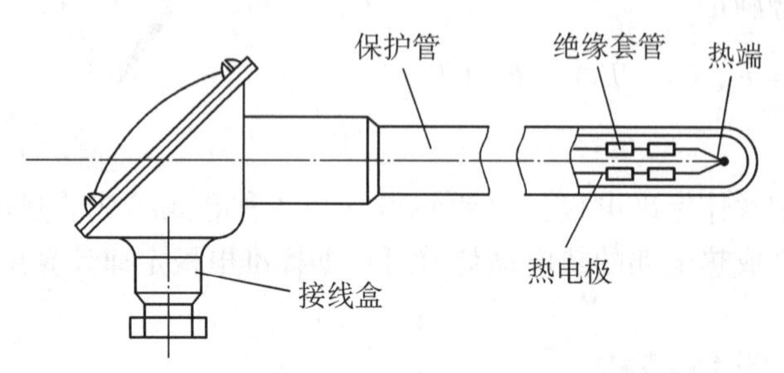

图 6－7　普通型热电偶

2）铠装型热电偶

铠装型热电偶又称套管热电偶，是将热电偶丝和绝缘材料一起紧压在金属保护管中制成的热电偶。铠装型热电偶材料是将热电偶丝装在有绝缘材料的金属套管中，三者经组合加工成可弯曲的坚实的组合体。将此铠装型热电偶线按所需长度截断，对其测量端和参考端进行加工，即制成铠装型热电偶，如图 6－8 所示。铠装型热电偶可以做得很细很长，使用中随需要能任意弯曲。铠装型热电偶内部的热电偶丝与外界空气隔绝，有着良好的抗高温氧化、抗低温水蒸气冷凝、抗机械外力冲击的特性。铠装热电偶可以制作得很细，能解决微小、狭窄场合的测温问题，且具有抗震、可弯曲、超长等优点，因此被广泛应用于许多工业部门中。

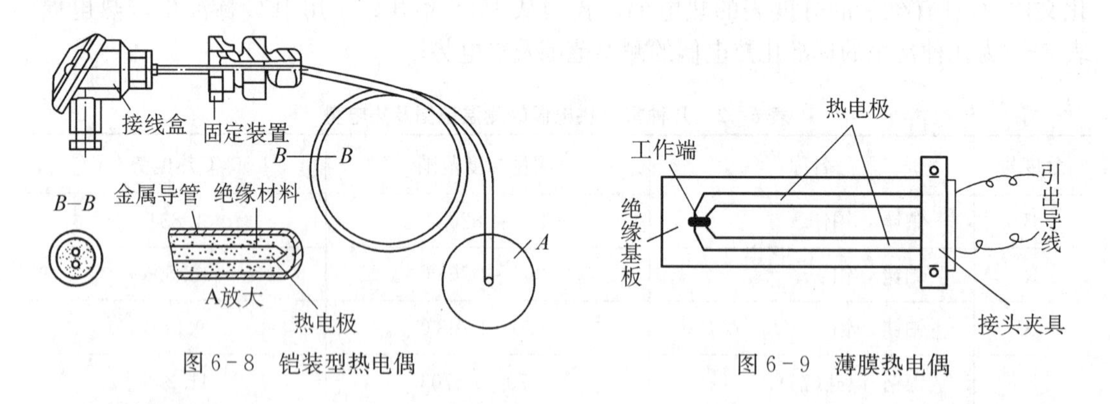

图 6－8　铠装型热电偶

图 6－9　薄膜热电偶

3）薄膜热电偶

薄膜热电偶是由两种薄膜热电极材料，用真空蒸镀、化学涂层等办法蒸镀到绝缘基板上面制成的一种特殊热电偶，如图 6－9 所示。薄膜热电偶的热接点可以做得很小（可薄到 0.01～0.1 μm），具有热容量小，反应速度快等的特点，热响应时间达到微秒级，适用于微小面积上的表面温度以及快速变化的动态温度测量。

6.4 热电偶冷端补偿

从热电偶测温基本公式可以看到，对某一种热电偶来说，热电偶产生的热电势只与工作端温度 T 和自由端温度 T_0 有关，即

$$E_{AB}(T, T_0) = E_{AB}(T) - E_{AB}(T_0) \tag{6-11}$$

热电偶的分度表是以 $T_0=0$℃作为基准进行分度的，而在实际使用过程中，参考端温度往往不为0℃，那么工作端温度为 T 时，分度表所对应的热电势 $E_{AB}(T, 0)$ 与热电偶实际产生的热电势 $E_{AB}(\dot{T}, T_0)$ 之间的关系可根据中间温度定律得到下式：

$$E_{AB}(T, 0) = E_{AB}(T, T_0) + E_{AB}(T_0, 0) \tag{6-12}$$

由此可见，$E_{AB}(T_0, 0)$ 是参考端温度 T_0 的函数，因此需要对热电偶参考端温度进行处理。

1. 热电偶补偿导线

在实际测温时，需要把热电偶输出的电势信号传输到远离现场数十米的控制室里的显示仪表或控制仪表，这样参考端温度 T_0 也比较稳定。热电偶一般做得较短，需要用导线将热电偶的冷端延伸出来。工程中采用一种补偿导线，它通常由两种不同性质的廉价金属导线制成，而且在0～100℃温度范围内，要求补偿导线和所配热电偶具有相同的热电特性。

表6-3 几种常用补偿导线

型 号	配用热电偶 正-负	导线外皮颜色 正-负
SC	铂铑$_{10}$-铂	红-绿
KC	镍铬-镍硅	红-蓝
WC5/26	钨铼$_5$-钨铼$_{26}$	红-橙

1) 使用补偿导线的优点

(1) 改善热电偶测温线路的机械与物理性能，采用多股或小直径补偿导线可提高线路的挠性，接线方便，也可以调节线路的电阻或遮蔽外界干扰；

(2) 降低测量线路的成本。当热电偶与仪表的距离很远时，可用贱金属补偿型补偿导线代替贵金属热电偶。

在现场测温中，补偿导线除了可以延长热电偶参考端节省贵金属材料外，若采用多股补偿导线，则便于安装与敷设；用直径粗、导电系数大的补偿导线，还可减少测量回路电阻这一麻烦。采用补偿导线虽有许多优点，但必须掌握它的特点，否则，不仅不能补偿参考端温度的影响，反而会增加测温误差。

补偿导线的特点是：在一定温度范围内，其热电性能与热电偶基本一致。它的作用只是把热电偶的参考端移至离热源较远或环境温度恒定的地方，但不能消除参考端不为0℃的影响。所以，仍须将参考端的温度修正到0℃。

2）使用补偿导线注意事项

（1）各种补偿导线只能与相应型号的热电偶匹配使用；连接时，切勿将补偿导线极性接反。

（2）补偿导线与热电偶连接点的温度，不得超过规定的使用温度范围，通常接点温度在100℃以下，耐热用补偿导线可达200℃。

（3）由于补偿导线与电极材料通常并不完全相同，因此两连接点温度必须相同，否则会产生附加电势并引入误差。

（4）在需高精度测温场合，处理测量结果时应加上补偿导线的修正值，以保证测量精度。

2. 热电偶冷端温度补偿

一般手册上所提供的热电偶分度表，是在保持热电偶冷端温度 $T_0=0℃$ 的条件下，给出的热电势与热端温度的数值对照。因此，当使用热电偶测量温度时，如果冷端温度保持0℃，则只要正确地测得热电势，通过对应分度表，即可查得所测的温度。但在实际测量中，热电偶的冷端温度将受环境温度或热源温度的影响，并不为0℃。为了使用分度表对热电偶进行标定，实现对温度的准确测量，对冷端温度变化所引起的温度误差，常采用下述补偿措施。

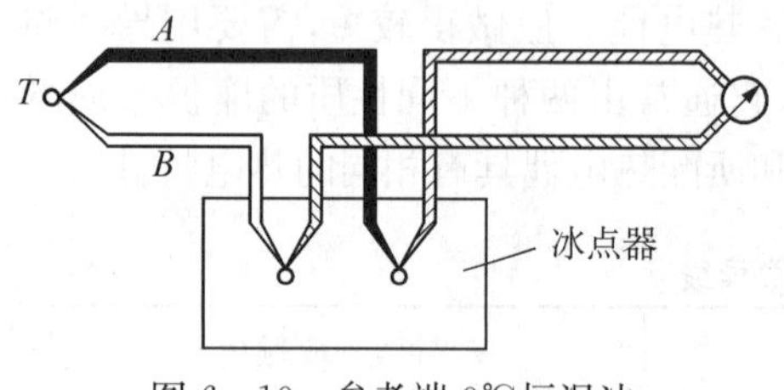

图 6-10　参考端 0℃恒温法

1）参考端0℃恒温法

在实验室及精密测量中，通常把参考端放入装满冰水混合物的容器中，以便参考端温度保持0℃，这种方法又称冰浴法，如图6-10所示，它能使冷端温度误差得到完全的克服。

$$\begin{aligned}\Delta &= E_{AB}(T,\ T_0) - E_{AB}(T,\ 0) \\ &= -E_{AB}(T_0,\ 0)\end{aligned} \tag{6-13}$$

由式(6-13)可知，它虽不为零，但为一个定值。只要在回路中加入相应的修正电压，或调整指示装置的起始位置，即可达到完全补偿的目的。

2）参考端温度修正法

采用补偿导线可使热电偶的参考端延伸到温度比较稳定的地方，但只要参考端温度不等于0℃，可以利用下式计算并修正测量误差：

$$E_{AB}(T,\ 0℃) = E_{AB}(T,\ T_0) + E_{AB}(T_0,\ 0℃) \tag{6-14}$$

经修正后的实际热电势，可由分度表中查出被测实际温度值。

3）参考端温度自动补偿法（补偿电桥法）

补偿电桥法是利用不平衡电桥产生的不平衡电压作为补偿信号，来自动补偿热电偶测量过程中因参考端温度不为0℃或因变化而引起热电势的变化值。

补偿电桥是一个四臂电桥，其中三个桥臂电阻的温度系数为零，另一桥臂采用铜电阻 R_{Cu}（其值随温度变化），放置于热电偶的冷接点处，如图 6-11 所示。

通常，取 $T_0=20℃$ 时电桥平衡（$R_1=R_2=R_3=R_{Cu}=20℃$）。此时，若不考虑 R_s 和四臂电桥的负载影响，则

$$\Delta U_{ab} = \left(\frac{R_{Cu}}{R_1+R_{Cu}} - \frac{R_3}{R_2+R_3}\right)E = 0$$

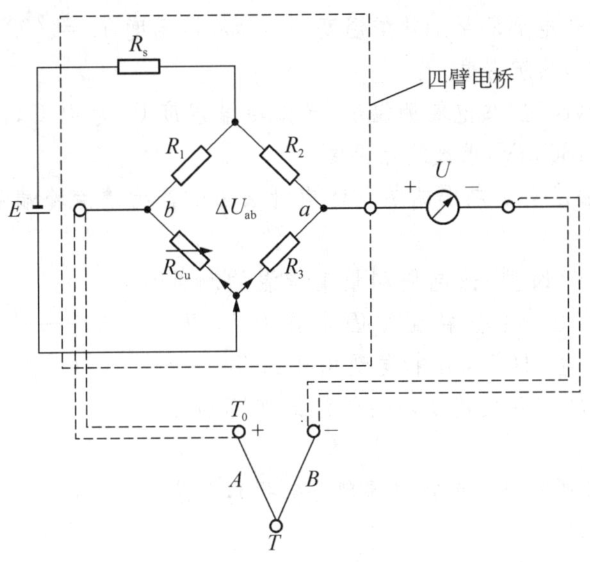

图 6-11　补偿电桥法

$$U = \Delta U_{ab} + E_{AB}(T) - E_{AB}(20)$$
$$= E_{AB}(T) - E_{AB}(20)$$

当 T_0 上升(如 $T_0 = T_n$)时,R_{Cu} 上升,$\Delta U_{ab} = \left(\dfrac{R_{Cu}}{R_{Cu}+R_1} - \dfrac{R_3}{R_2+R_3}\right)E$, ΔU_{ab} 上升。

由于:

$$U = \Delta U_{ab} + E_{AB}(T) - E_{AB}(20) - E_{AB}(T_n - 20)$$

而补偿电桥选择的 R_{Cu} 产生的 $\Delta U_{ab} = E_{AB}(T_n - 20)$,故 U 维持公式:

$$U = E_{AB}(T) - E_{AB}(20) \tag{6-15}$$

补偿电桥所产生的不平衡电压正好补偿了由于冷端温度变化引起的热电势变化值,仪表便可指示出正确的温度测量值。

使用补偿电桥法应注意:

① 由于电桥是在 20℃平衡,所以此时应把温度表示的机械零位调整到 20℃处。

② 不同型号规格的补偿电桥应与一定的热电偶配套。

思考与习题

1. 测量温度有哪些方式,试叙述各自的不同点。

2. 利用热电偶测温必须具备哪两个条件?

3. 什么叫热电势、接触电势和温差电势?说明热电偶测温原理。

4. 试简要分析热电偶测温的误差因素,并说明减小误差的方法。

5. 如果需要测量 1 000℃和 20℃温度时,分别宜采用哪种类型的温度传感器?

6. 镍铬-镍硅热电偶测得介质温度 800℃,若参考端温度为 25℃,问介质的实际温度为多少?

7. 用镍铬-镍硅热电偶测量加热炉温度。已知冷端温度 $T_0=30$℃，测得热电势 $E_{AB}(T, T_0)$为 33.29 mV，求加热炉温度。

8. 用镍铬-镍硅(K 型)热电偶测温度，已知冷端温度 0t 为 40℃，用高精度毫伏表测得这时的热电势为 29.186 mV，求被测点温度。

9. 热电偶冷端温度对热电偶的热电势有什么影响？为消除冷端温度影响可采用哪些措施？

10. 用镍铬-镍硅(K 型)热电偶测量某炉温的测量系统如图 6-12 所示，已知：冷端温度固定在 0℃，$T_0=30$℃，仪表指示温度为 210℃，后来发现由于工作上的疏忽把补偿导线 A'和 B'相互接错了，问：炉温的实际温度 T 为多少度？

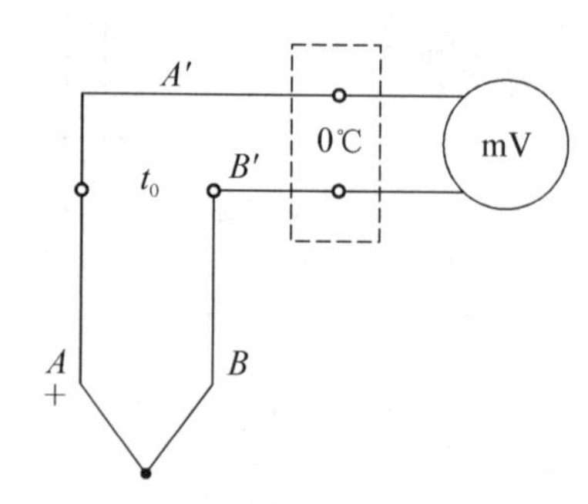

图 6-12

11. 如附表 1、2 所示(注：为热电偶部分数据)，分度号为 K、E 两种热电偶，问：

(1) K、E 两种热电偶，100℃时的热电势 E(100℃，0℃)分别为多大？

(2) 用 E 热电偶测某设备温度，冷端为 30℃，测得热电势为 $E(T, 30℃)=17.680$ mV，则该设备温度 T 为多少？

(3) 在题(2)中改用 K 热电偶来测该设备温度 T，若两种热电偶测得温度相同，则此时对应的热电势 $E(T, 30℃)$为多少？

附表 1　镍铬-镍硅(镍铬-镍铝)热电偶分度表(分度号:K)(参考端温度为 0℃)

t/℃ \ E/mV \ t/℃	0	10	20	30	40	50	60	70	80	90
0	0	0.397	0.798	1.203	1.612	2.023	2.436	2.85	3.266	3.681
100	4.096	4.508	4.919	5.327	5.733	6.137	6.539	6.939	7.388	7.737
200	8.138	8.537	8.938	9.341	9.745	10.151	10.56	10.969	11.381	11.739

附表 2　镍铬-铜镍(康铜)热电偶分度表(分度号:E)(参考端温度为 0℃)

t/℃ \ E/mV \ t/℃	0	10	20	30	40	50	60	70	80	90
0	0	0.591	1.192	1.801	2.420	3.048	3.683	4.329	4.983	5.646
100	6.319	6.996	7.683	8.377	9.078	9.787	10.501	11.222	11.949	12.681
200	13.421	14.161	14.909	15.661	16.417	17.178	17.942	18.71	19.481	20.256

第7章　超声波传感器

超声波传感器是利用超声波的特性研制而成的传感器。超声波是一种振动频率高于声波的机械波，由换能晶片在电压的激励下发生振动产生的，它的特点是频率高、波长短、绕射现象小，尤其是方向性好、能够成为射线而定向传播等。超声波对液体和固体的穿透性很强，尤其是阳光不能穿透的固体，它可穿透几十米厚度。超声波碰到杂质或分界面会产生显著反射形成反射成回波，碰到活动物体能产生多普勒效应。因此超声波检测广泛应用在工业、国防、生物医学等方面。

7.1　超声波及其物理性质

振动在弹性介质内的传播称为波动，简称波。频率在 $16\sim2\times10^4$ Hz之间，能为人耳所闻的机械波，称为声波；低于 16 Hz 的机械波，称为次声波；高于 2×10^4 Hz 的机械波，称为超声波，如图 7-1 所示。

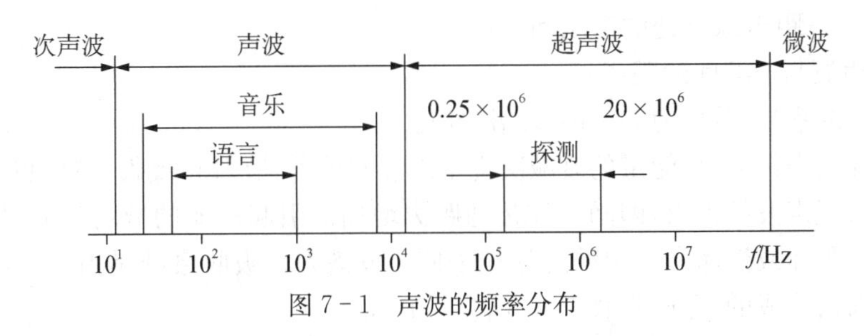

图 7-1　声波的频率分布

当超声波由一种介质入射到另一种介质时，由于其在两种介质中的传播速度不同，在介质面上会产生反射、折射和波形转换等现象。

1. 超声波的波形及其转换

由于声源在介质中的施力方向与波在介质中的传播方向的不同，声波的波形也不同。超声波通常有纵波、横波和表面波三种。质点振动方向与波的传播方向一致的波称为纵波；质点振动方向垂直于传播方向的波称为横波；质点的振动介于横波与纵波之间，沿着表面传播的波称为表面波。

横波只能在固体中传播，纵波能在固体、液体和气体中传播，表面波随深度增加衰减很快。为了测量各种状态下的物理量，应多采用纵波。

纵波、横波及表面波的传播速度取决于介质的弹性常数及介质密度，气体中声速为

344 m/s，液体中声速为 900～1 900 m/s，固体中声速大于 1 900 m/s，在钢中传播速度为 5 000 m/s。当纵波以某一角度入射到第二介质(固体)的界面上时，除有纵波的反射、折射外，还发生横波的反射和折射，在某种情况下，还能产生表面波。

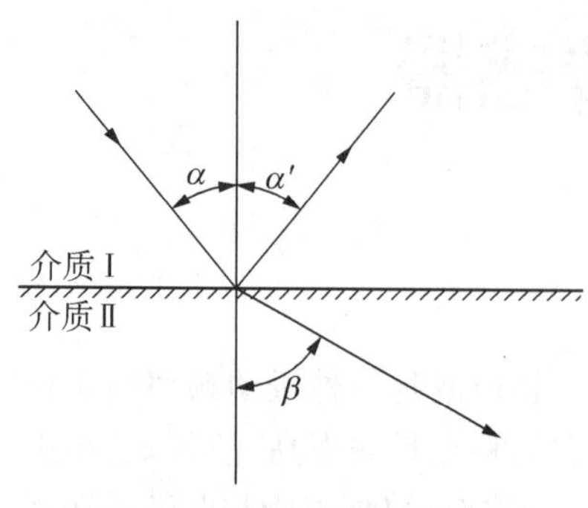

图 7-2　超声波的反射和折射

2. 超声波的反射和折射

声波从一种介质传播到另一种介质，在两个介质的分界面上一部分声波被反射，另一部分透射过界面，在另一种介质内部继续传播。这样的两种情况分别称为声波的反射和折射现象，如图 7-2 所示。

由物理学知，当波在界面上产生反射时，入射角 α 的正弦与反射角 α' 的正弦之比等于波速之比。当波在界面处产生折射时，入射角 α 的正弦与折射角的正弦之比，等于入射波在第一介质中的波速 c_1 与折射波在第二介质中的波速 c_2 之比，即

$$\frac{\sin\alpha}{\sin\beta}=\frac{c_1}{c_2}$$

3. 超声波的衰减

声波在介质中传播时，随着传播距离的增加，能量逐渐衰减，其衰减的程度与声波的扩散、散射及吸收等因素有关。其声压和声强的衰减规律为

$$P_x = P_0 e^{-\alpha x} \tag{7-1}$$

$$I_x = I_0 e^{-2\alpha x} \tag{7-2}$$

式中：P_x、I_x——距声源 x 处的声压和声强；

x——声波与声源间的距离；

α——衰减系数，单位为 Np/m(奈培/米)。

声波在介质中传播时，能量的衰减决定于声波的扩散、散射和吸收，在理想介质中，声波的衰减仅来自于声波的扩散，即随声波传播距离增加而引起声能的减弱。散射衰减是固体介质中的颗粒界面或流体介质中的悬浮粒子使声波散射。吸收衰减是由介质的导热性、黏滞性及弹性滞后造成的，介质吸收声能并转化为热能。

7.2　超声波传感器

利用超声波在超声场中的物理特性和各种效应而研制的装置可称为超声波换能器、探测器或传感器，如图 7-3 所示。超声波探头按其工作原理可分为压电式、磁致伸缩式、电磁式等，以压电式最为常用。

图 7-3　超声波传感器

1. 压电式超声波传感器

压电式超声波探头常用的材料是压电晶体和压电陶瓷，这种传感器统称为压电式超声波探头。它是利用压电材料的压电效应来工作的；逆压电效应将高频脉冲电压转换成高频机械振

动，从而产生超声波，可作为发射探头；利用正压电效应，将超声波振动转换成电信号，可用作接收探头。超声波探头结构如图7－4所示，主要由压电晶片、吸收块（阻尼块）、保护膜组成。压电晶片多为圆板形，厚度为δ。超声波频率f与其厚度δ成反比。压电晶片的两面镀有银层，作为导电的极板。阻尼块的作用是降低晶片的机械品质，吸收声能量。如果没有阻尼块，当激励的电脉冲信号停止时，晶片将会继续振荡，加长超声波的脉冲宽度，使分辨率变差。

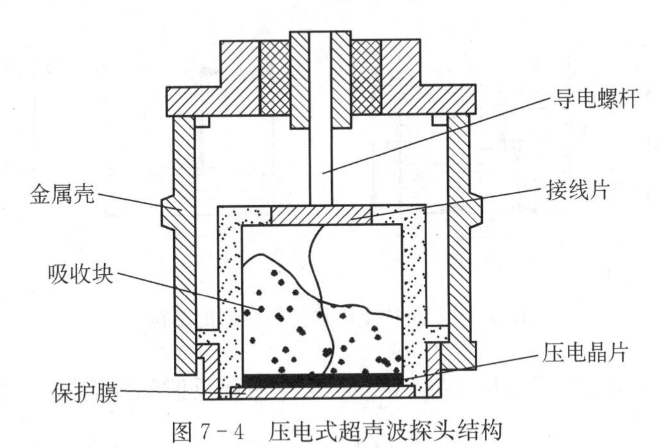

图7－4　压电式超声波探头结构

2. 磁致伸缩式超声波传感器

磁致伸缩式超声波传感器是利用铁磁材料的磁致伸缩效应工作的。磁致伸缩式超声波发生器是把铁磁材料置于交变磁场中，使它产生机械尺寸的交替变化即机械振动，从而产生超声波。磁致伸缩式超声波接收器的原理是：当超声波作用在磁致伸缩材料上时，引起材料伸缩，从而导致它的内部磁场（即导磁特性）发生改变，根据电磁感应，绕在磁致伸缩材料上的线圈里便会产生感应电动势，将此电势送到测量电路，最后记录或显示出来。

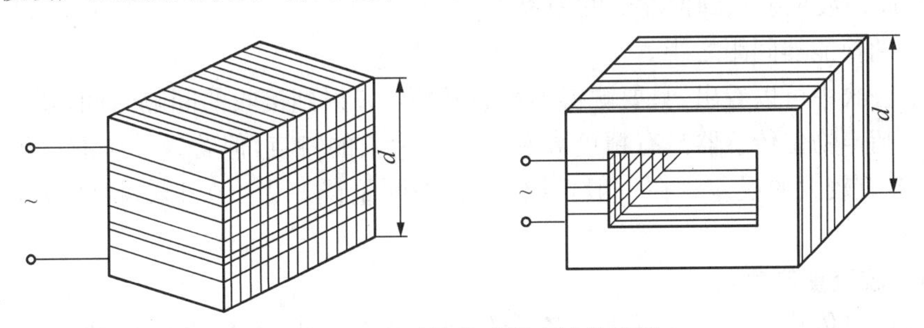

图7－5　磁致伸缩式超声波传感器

7.3　超声波传感器的应用

1. 超声波物位传感器

超声波物位传感器是利用超声波在两种介质的分界面上的反射特性而制成的。已知从发射超声脉冲开始到换能器接收到反射波为止的时间间隔，就可以求出分界面的位置，利用这种方法可以对物位进行测量。根据发射和接收换能器的功能，传感器又可分为单换能器

和双换能器。单换能器的传感器发射和接收超声波均使用一个换能器，而双换能器的传感器发射和接收超声波各由一个换能器担任。图 7-6 给出了几种超声物位传感器的结构示意图。超声波发射和接收换能器可设置在水中，让超声波在液体中传播。由于超声波在液体中衰减比较小，所以即使发生的超声脉冲幅度较小也可以传播。超声波发射和接收换能器也可以安装在液面的上方，让超声波在空气中传播，这种方式便于安装和维修，但超声波在空气中的衰减会比较厉害。

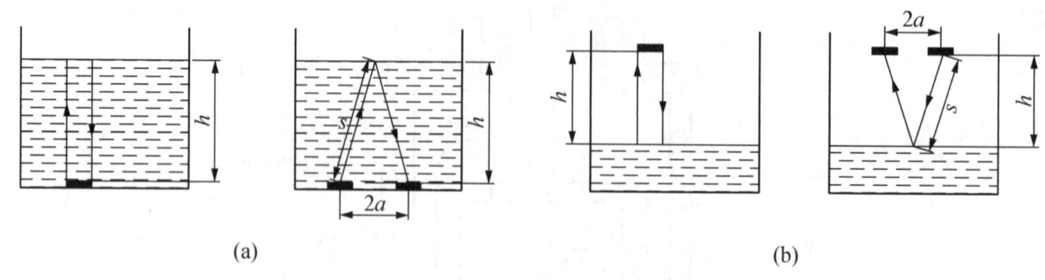

图 7-6　几种超声物位传感器的结构

对于单换能器来说，超声波从发射到液面，又从液面反射到换能器的时间为

$$t=\frac{2h}{v},\ h=\frac{vt}{2}$$

式中：h——换能器距液面的距离；

v——超声波在介质中传播的速度。

对于双换能器来说，超声波从发射到被接收经过的路程为 2 s，液位高度为

$$h=\sqrt{s^2-a^2}$$

式中：s——超声波反射点到换能器的距离；

a——两换能器间距之半。

从以上公式中可以看出，只要测得超声波脉冲从发射到接收的间隔时间，便可以求得待测的物位。超声物位传感器具有精度高和使用寿命长的特点，但若液体中有气泡或液面发生波动，便会有较大的误差。在一般情况下，它的测量误差为$\pm 0.1\%$，检测物位的范围为$10^{-2}\sim 10^4$ m。

2. 超声波流量传感器

超声波流量传感器的测定原理是多样的，如传播速度变化法、波速移动法、多普勒效应法、流动听声法等。目前应用较广的主要是超声波传输时间差法。

超声波在流体中传输时，在静止流体和流动流体中的传输速度是不同的，利用这一特点可以求出流体的速度，再根据管道流体的截面积，便可知道流体的流量。如果在流体中设置两个超声波传感器，它们可以发射超声波又可以接收超声波，一个装在上游，一个装在下游，其距离为 L，如图 7-7 所示。设顺流方向的传输时间为 t_1，逆流方向的传输时间为 t_2，流体静止时的超声波传输速度为 c，流体流动速度为 v，则有

$$t_1=\frac{L}{c+v},\ t_2=\frac{L}{c-v}$$

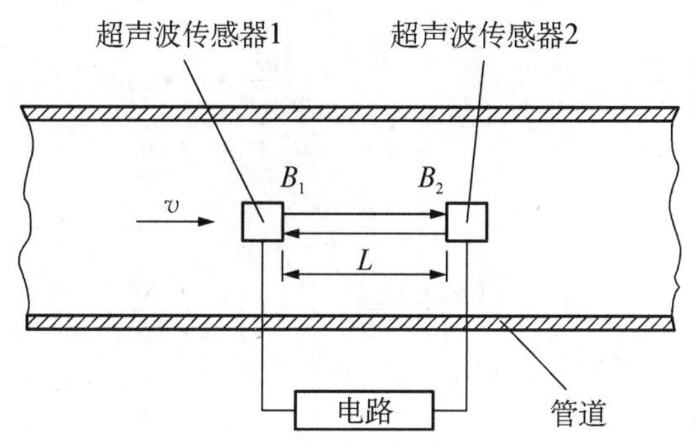

图 7－7　超声波测流量原理图

一般来说，流体的流速远小于超声波在流体中的传播速度，那么超声波传播时间差为

$$\Delta t = t_2 - t_1 = \frac{L}{c - v} - \frac{L}{c + v} = \frac{2Lv}{c^2 - v^2}$$

由于 $c \gg v$，从上式便可得到流体的流速，即

$$v = \frac{c^2 \cdot \Delta t}{2L}$$

在实际应用中，超声波传感器安装在管道的外部，从管道的外面透过管壁发射和接收超声波不会给管路内流动的流体带来影响，如图 7－8 所示。

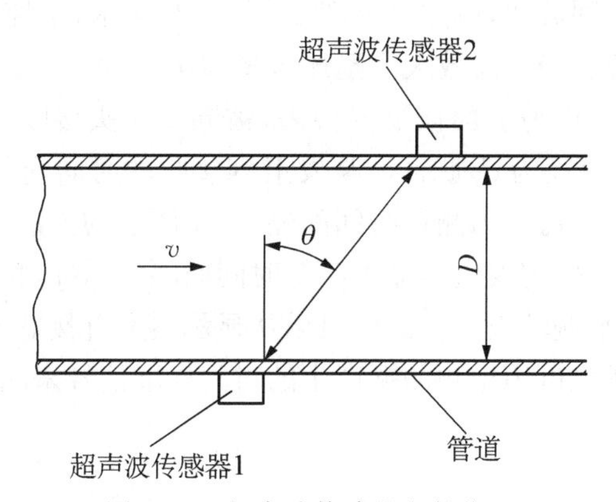

图 7－8　超声波传感器安装位置

当传感器 1 发射信号，传感器 2 接收信号时，有

$$t_1 = \frac{\dfrac{D}{\cos\theta}}{c + v \cdot \sin\theta}$$

当传感器 2 发射信号，传感器 1 接收信号时，有

$$t_2 = \frac{\dfrac{D}{\cos\theta}}{c - v \cdot \sin\theta}$$

则有

$$\Delta t = t_2 - t_1 = \frac{\frac{2D}{\cos\theta} \cdot v \cdot \sin\theta}{c^2 - v^2 \cdot \sin^2\theta}$$

由于 $c \gg v$，则有

$$\Delta t \approx \frac{2Dv \cdot \text{tg}\,\theta}{c^2},\ v = \frac{c^2 \cdot \Delta t}{2D \cdot \text{tg}\,\theta}$$

则流量 Q 为

$$Q = \frac{1}{4}\pi D^2 \cdot v = \frac{1}{4}\pi D^2 \cdot \frac{c^2 \cdot \Delta t}{2D \cdot \text{tg}\,\theta} = \frac{\pi D c^2}{8\text{tg}\,\theta} \cdot \Delta t \tag{7-3}$$

超声波流量传感器具有不阻碍流体流动的特点，可测流体种类很多，不论是非导电的流体、高黏度的流体、浆状流体，只要能传输超声波的流体都可以进行测量。超声波流量计不仅可用来测量自来水、工业用水、农业用水等，还可用于下水道、农业灌溉、河流等流速的测量。

3. 超声传感器测厚度

用超声波测量金属零件、钢管等的厚度，具有测量精度高、测试仪器轻便、操作安全简单、易于读数和实现连续自动检测等优点。但是对于超声波衰减很大的材料，以及表面凹凸不平或形状很不规则的零件，超声波法测厚较困难。

超声波测厚常用脉冲回波法，测厚的原理如图 7-9 所示，主控制器产生一定重复频率的脉冲信号，送往发射电路，经电流放大激励压电式探头，以产生重复的超声脉冲，并耦合到被测工件中，脉冲波传到工件另一面被反射回来，被同一探头接收，如果超声波在工件中的声速 w 是已知的，设工件厚度为 d，脉冲波从发射到接收的时间间隔 f 可以测量，因此可求出 I 件的厚度为：$d=(1/2)vt$。t 为测量时间间隔，可用图示的方法，将发射和回波反射脉冲加至示波器垂直偏转板上，标记发生器输出已知时间间隔的脉冲，也加在示波器垂直偏转板上，线性扫描电压加在水平偏转板上。因此可以从显示器上直接观察发射和回波反射脉冲，并求出时间间隔 T。当然也可用稳频晶振产生的时间标准信号来测量时间间隔 t，从而做成厚度数字显示仪表。

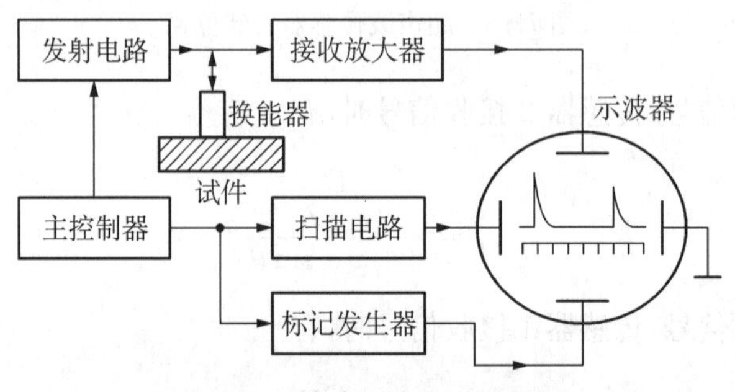

图 7-9　脉冲回波法测厚原理

4. 超声波探伤

超声波探伤是无损探伤技术中的一种主要检测手段。它主要用于检测板材、锻件和焊接缝等材料中的缺陷，也可以测量材料的厚度。由于具有测量灵敏度高、速度快、成本低等优点，因此超声波探伤技术在生产实践中得到了广泛的应用。其测量方法很多，一般常用的有以下两种方法：

1）穿透法探伤

穿透法探伤是根据超声波穿透工件后的能量变化情况，来判别工件内部质量的方法。穿透法有一个发射探头和一个接收探头，分别置于被测工件的两边，工作原理如图7-10所示。

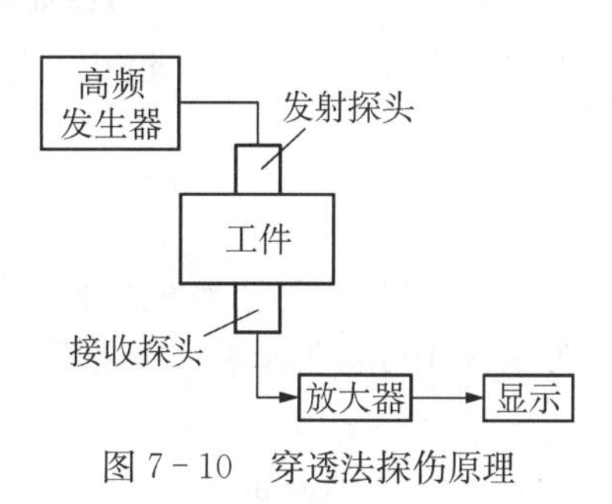

图7-10　穿透法探伤原理

工作时，如果工件内部有缺陷，则有一部分超声波在缺陷处即被反射，其余部分到达工件的底部被接收探头接收。因此到达接收探头的能量有一部分损失，接收到的能量变小；如果工件内部没有缺陷，超声波能到达接收探头，因此接收到的能量较大。这样就可以检测工件的质量。

2）反射法探伤

反射法探伤是根据超声波在工件中反射情况的不同，来探测缺陷的一种方法。

图7-11为反射法探伤的原理。它也有两个探头，这两个探头放置在一起，一个发射超声波，另一个接收超声波。工作时探头放在被测工件上，并在工件上来回移动进行检测。发射探头发出超声波并以一定速度向工件内部传播，如果工件没有缺陷，则超声波传到工件底部才反射回来形成一个发射波，被接收探头接收，一般称为底波B，显示在屏幕上；如果工件有缺陷，则一部分超声波在遇到缺陷时反射回来，形成缺陷波F，其余的传到底部反射回来，显示到屏幕上，则屏幕上出现缺陷波F和底波B两种反射波形，以及发射波波形T。可以通过缺陷波在屏幕上的位置来确定缺陷在工件中的位置。

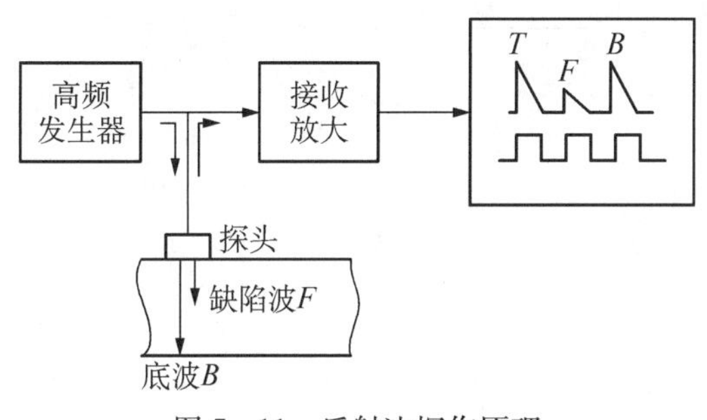

图7-11　反射法探伤原理

思考与习题

1. 什么是次声波、声波、超声波？
2. 超声波传感器按其工作原理分，主要有哪几类？
3. 说明超声波传感器无损探伤的工作原理。
4. 请构思一根盲人防撞导路棒，说明其工作原理。
5. 图7-12为利用超声波测量流体流量的原理图，设超声波在静止流体中的流速为c，试完成下列各题：

（1）简要分析其工作原理；

（2）求流体的流速v；

(3) 求流体的流量 Q。

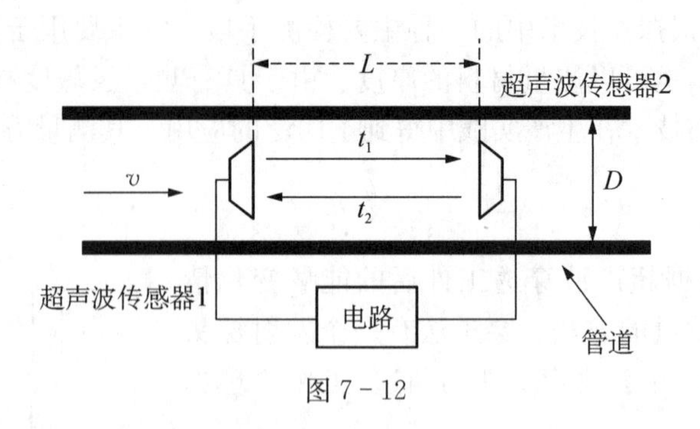

图 7－12

6. 图 7－13 为超声纵波探伤的原理，已知纵波在钢板中的声速 $c=5.9$ km/s，显示器的 X 轴为 10 μs/div（格），现测得 B 波与 T 波的距离为 10 格，F 波与 T 波的距离为 3.5 格。

求：(1) t_δ 及 t_F；

(2) 钢板的厚度 δ 及缺陷与表面的距离 X_F。

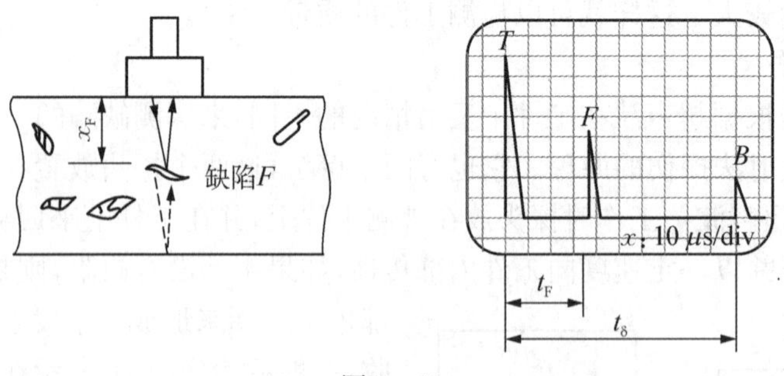

图 7－13

第8章　霍尔传感器

中国人早在一千多年前就发明了指南针，可用于指示地球磁场的方向，但指南针却无法指示出磁场的强弱，这成了磁场检测的一个难题。

1897年，美国物理学家霍尔（E. H. Hall）经过大量的实验发现：如果让一恒定电流通过一金属薄片，并将薄片置于强磁场中，在金属薄片的另外两侧将产生与磁场强度成正比的电动势。这个现象后来被人们称为霍尔效应。但是由于这种效应在金属中非常微弱，当时并没有引起人们的重视。1948年以后，由于半导体技术迅速发展，人们找到了霍尔效应比较明显的半导体材料，并制成了砷化镓、锑化铟、硅、锗等材料的霍尔元件。用霍尔元件做成的传感器称为霍尔传感器（Hall type transducer）。霍尔传感器可以做得很小（几个平方毫米），可以用于测量地球磁场，制成电罗盘；将它卡在环形铁心中，可以制成大电流传感器。它广泛用于无刷电动机、高斯计、接近开关、微位移测量等。霍尔传感器的最大特点是非接触测量。

8.1　霍尔元件的工作原理

1. 霍尔效应

金属或半导体薄片置于磁感应强度为 B 的磁场中，磁场方向垂直于薄片，如下图所示，当有电流 I 流过薄片时，在垂直于电流和磁场的方向上将产生电动势 U_H，这种现象称为霍尔效应，该电动势称为霍尔电动势。上述半导体薄片称为霍尔元件。

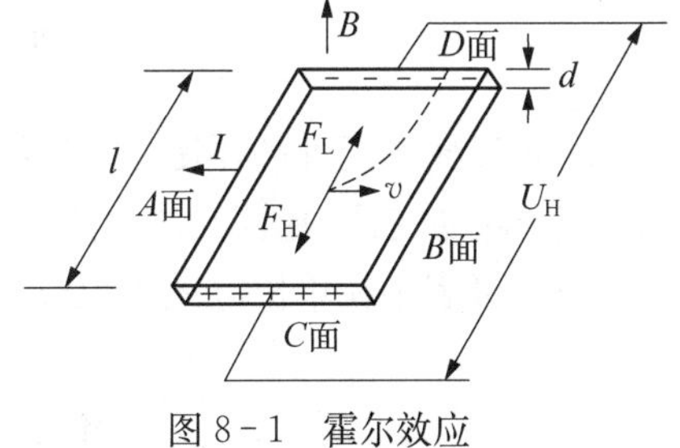

图8-1　霍尔效应

如图8-1所示，霍尔效应产生的直接原因是：运动电荷受到洛伦兹力的作用。洛伦兹力为磁场对运动电荷的作用力，即

$$\vec{F} = q \cdot \vec{v} \times \vec{B} \tag{8-1}$$

电子受到的洛仑兹力　　$F_L = evB$

电场力　　$F_H = eE_H = e\dfrac{U_H}{l}$

动态平衡　　$F_L = F_H$

即 $$vB=\frac{U_H}{l} \tag{8-2}$$

霍尔电势 $$U_H=vBl$$

又因为 $I=j\cdot l\cdot d=n\cdot e\cdot v\cdot l\cdot d$，其中 j 为自由的电流密度。

所以有 $$U_H=\frac{I\cdot B}{n\cdot e\cdot d}=\frac{R_H IB}{d}$$

其中 n 为 N 型半导体的电子浓度，P 为 P 型半导体的空穴浓度。所以在相同方向的电流和磁场作用下，可通过霍尔电势 U_H 的方向来判断材料的类型（N 型或 P 型）。另外，当控制电流的方向改变时，输出电势方向也随之改变；对磁场也是如此；若电流与磁场同时改变方向，霍尔电势极性不变。

2. 霍尔系数和灵敏度

1）霍尔系数 R_H

$$U_H=\frac{I\cdot B}{n\cdot e\cdot d}=\frac{R_H IB}{d} \tag{8-3}$$

式中：R_H——霍尔系数；$R_H=\frac{1}{n\cdot e}=\rho\cdot\mu$；

ρ——电阻率，$\rho=\frac{1}{\gamma}=\frac{1}{n\cdot e\cdot\mu}$；

μ——载流子的迁移率。

R_H 可反映出霍尔效应的强弱，在相同的电流 I 和磁场 B 的作用下，对于同样尺寸的霍尔元件，材料的霍尔系数 R_H 越大，得到的霍尔电动势 U_H 就越大。

2）霍尔灵敏度 K_H

令 $$K_H=\frac{R_H}{d}=\frac{1}{n\cdot e\cdot d}$$

则 $$U_H=\frac{R_H IB}{d}=K_H IB$$

K_H 反比于元件的厚度 d，降低厚度可提高灵敏度。但是，元件的强度会随厚度减小而变弱，因此易受损，并且元件太薄时阻抗大，其功率消耗大，会引起温度升高。

K_H 可表示在单位电流单位电场作用下，开路的霍尔电势的输出值。

8.2 霍尔元件

1. 霍尔元件的材料及其结构

霍尔元件的材料主要有半导体，如锗、硅、砷化铟和锑化铟等。半导体具有较高的载流子的迁移率和电阻率，能获得明显的霍尔电势。金属迁移率很高，但电阻率很低。绝缘体具有较高的电阻率，但迁移率很小。

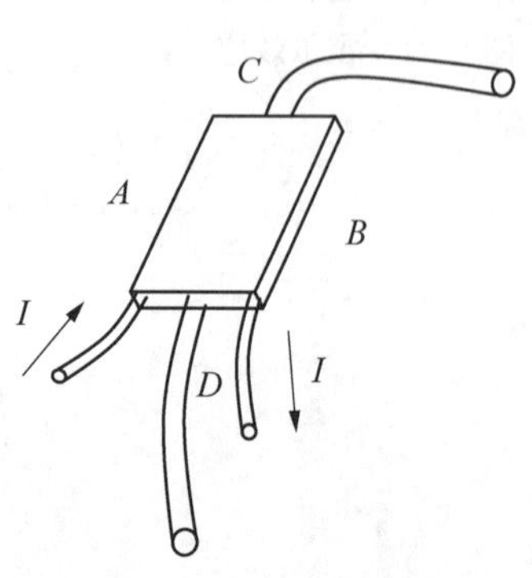

图 8-2　霍尔元件结构

霍尔元件的结构如图 8-2 所示。

霍尔元件是一块矩形的半导体薄片，外壳用非导磁的金

属、陶瓷或环氧树脂封装。其中控制电极为红色部分，霍尔电极为蓝色部分，另外必须在中间焊出引线。霍尔元件的外形如图 8－3 所示。

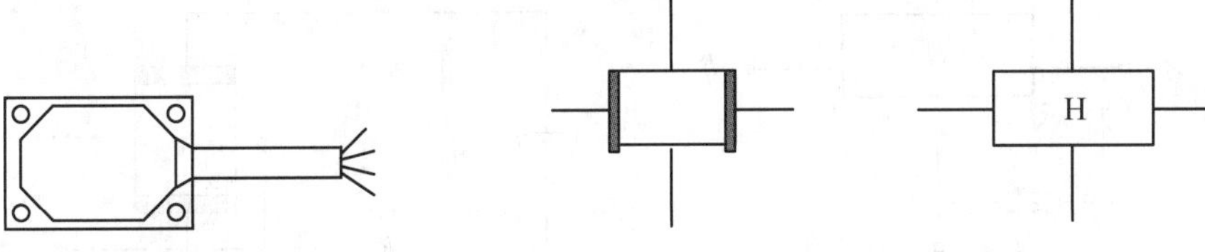

图 8－3 霍尔元件的外形

图 8－4 霍尔元件的符号

在电路图中，霍尔元件的符号如图 8－4 所示。

2. 霍尔元件的主要技术指标

1）输入、输出电阻

输入电阻 R_i：控制电极之间的电阻。

输出电阻 R_v：霍尔电极之间的电阻。

测量应在没有外磁场的室温条件下进行，电流不超过额定的控制电流值。

2）额定激励电流 I_C

霍尔元件在空气中产生的温升为 10℃时所施加的控制电流值为额定激励电流 I_C。

3）不等位电势 U_0 与不等位电阻 R_0

不等位电势 U_0：霍尔元件在控制电流为额定值 I_C 且不加外磁场时霍尔电极间的空载电势。

不等位电阻 R_0：$R_0 = U_0/I_C$

4）交流不等位电势 U_{OA} 与寄生直流电势 U_{OD}

控制电流改用额定交流电流。

5）霍尔电势温度系数 α

在一定的磁感应强度和控制电流下，温度每变化 1℃时，霍尔电势值变化的百分率。

6）热阻 R_0

霍尔电极开路，在霍尔片上输入 1 mW 的电功率时所产生的温升，单位为℃/mW。

8.3 霍尔元件的测量电路及应用

1. 基本测量电路

霍尔元件的基本测量电路如图 8－5 所示。控制电流 I 由电源 E 提供，R 是调节电阻，用以根据要求改变 I 的大小，霍尔电动势输出的负载 R_L，可以是放大器的输入电阻或内阻等。所施加的外电场 B 一般与霍尔元件的平面垂直。控制电流也可以是交流量。

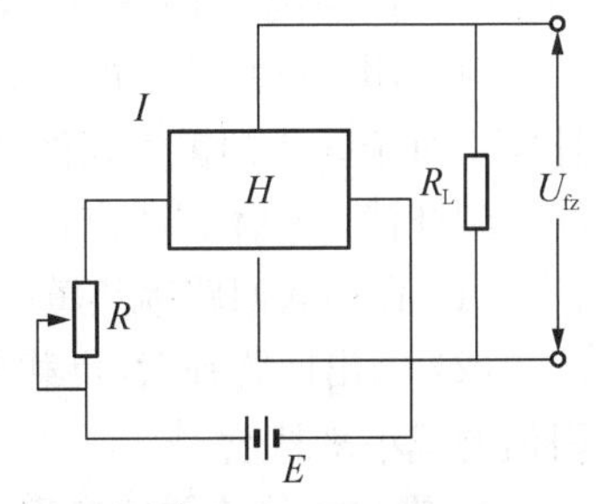

图 8－5 霍尔元件基本测量电路

2. 不等位电势的补偿

如图 8－6 所示，在造成电桥不平衡的电阻值较大的一个桥臂上并联 R_P，通过调节 R_P 使电桥达到平衡状态，称为不对称补偿电路。

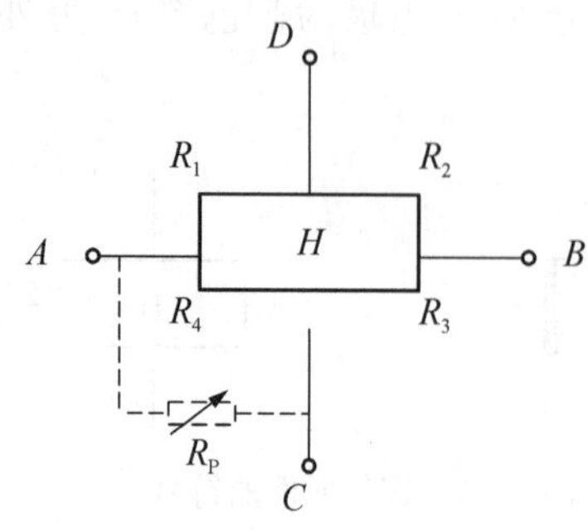

图 8-6 不等位电势补偿电路

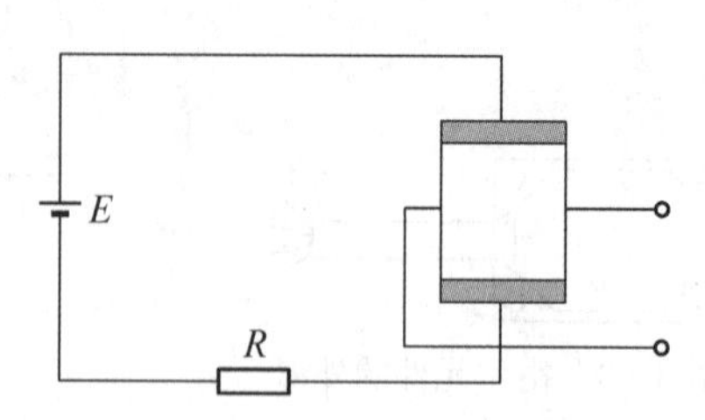

图 8-7 采用大电阻 R 的恒流源补偿

3. 温度补偿

1）采用恒流源

当负载电阻比霍尔元件的输出电阻大得多时，输出电阻对输出的影响就很小，但这种情况下，只需考虑在输入端进行补偿。最简单的恒流电路如图 8-7 所示。

2）利用输出回路负载补偿

在输入端控制电流恒定，即输入端电阻随温度变化可以忽略的情况下，如果输出电阻随温度升高而增大，则会引起负载 R_{fz} 上的电压随温度上升而减小。而 Hz 型（锗材料）元件的霍尔电动势随温度升高而增加，利用这一关系，只要选择合适的负载电阻，就有可能补偿温度变化带来的影响。

由图 8-8 可以看出：如果温度 $R_V(t)$ 增大，U_{fz} 就会下降，如果 $U_H(t)$ 增大，U_{fz} 也将增大，而 U_{fz} 则不变。

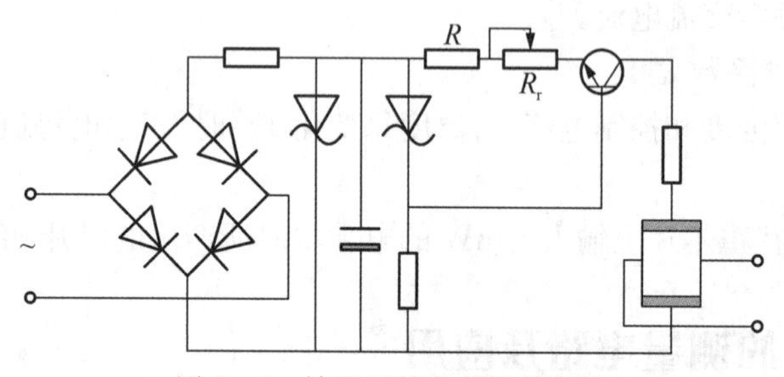

图 8-8 输出回路负载补偿电路

3）利用热敏电阻或电阻丝补偿

对于用温度系数大的半导体制成的霍尔元件，例如锑化铟材料的元件，常采用热敏电阻补偿。对于锑化铟霍尔元件，电势随温度升高而下降，若能控制电流随温度升高而上升，就能达到补偿。具体方法有：

（1）在输入回路串热敏电阻，当温度上升时其值下降，是控制电流上升。

（2）输出回路补偿，负载上得到的霍尔电势随温度上升而下降的值可以通过热敏电阻阻值的减小来补偿。

4. 霍尔式传感器的应用

为了得到较大的霍尔电势输出，可采用如图 8-9、8-10 所示输出叠加的连接方式。

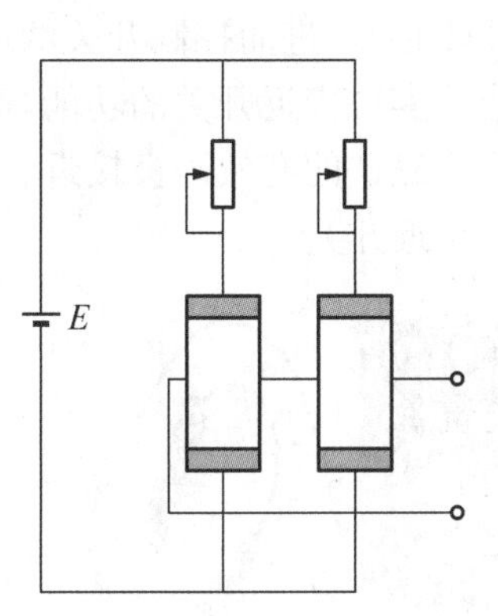

图 8-9　直流供电，控制端并联

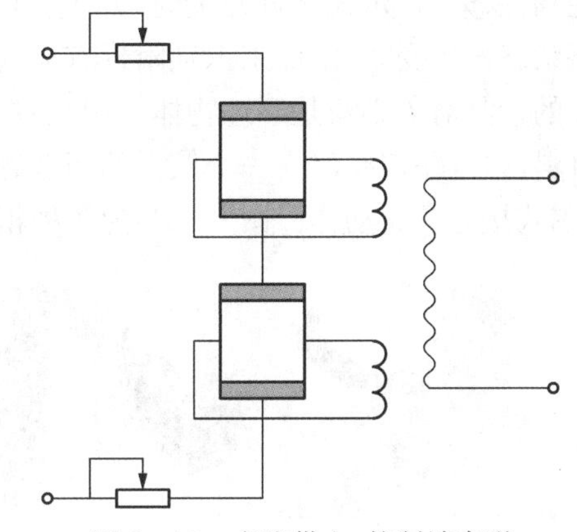

图 8-10　交流供电，控制端串联

霍尔传感器可用于很多方面的测量。控制电流不变，输出正比于磁场强度。即对能转换为磁场强度变化的量都能测量。如可进行磁场、位移、角度、转速、加速度等的测量。磁场不变，输出正比于控制电流，即凡能转换为电流变化的各种量，均能测量。输出正比于磁场强度和控制电流的乘积，即可用于乘法、功率等方面的计算和测量。

1）霍尔转速表

霍尔转速表是机电结合的转速测量仪表，用于各种车辆、船舶及很多机械转轴的转速测量。其性能可靠，外形简洁，使用方便。图 8-11 是霍尔转速表的工作原理，在被测转速的转轴上安装一个齿盘，也可选取机械系统中的一个齿轮，将线性型霍尔器件及磁路系统靠近齿盘。齿盘的转动使磁路的磁阻随气隙的改变而周期性地变化，霍尔器件输出的微小脉冲信号经过隔直、放大、整形后可以确定被测物的转速。

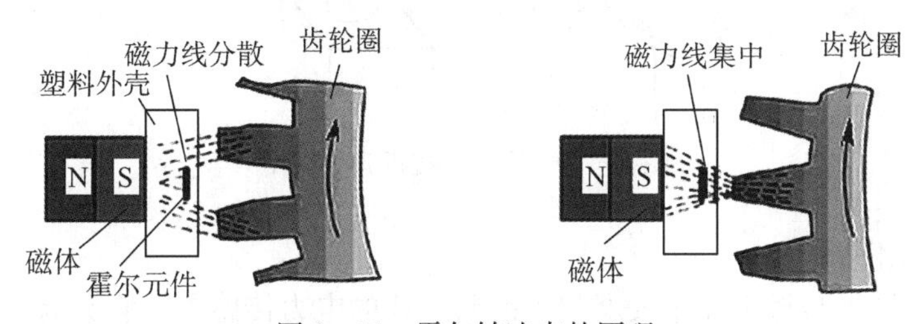

图 8-11　霍尔转速表的原理

当齿轮圈上的齿对准霍尔元件时，磁力线集中穿过霍尔元件，可产生较大的霍尔电动势，放大、整形后输出高电平；反之，当齿轮圈的空档对准霍尔元件时，输出为低电平。

2）霍尔式接近开关

在前面章节曾介绍过接近开关的基本概念。霍尔式接近开关是利用霍尔元件特性制作的，它的输入端是以磁感应强度 B 来表征的，当 B 的值达到一定的程度(如 B_1)时，霍尔式接近开关内部的触发器翻转，霍尔式接近开关的输出电平状态也随之翻转。输出端一般采用晶体管输出，与其他传感器类似有 NPN、PNP、常开型、常闭型、锁存型(双极性)和双信号输出之分。霍尔式接近开关具有无触电、功耗低、使用寿命长、响应频率高等特点，内部采用环氧树脂封灌成一体化，所以能在各类恶劣环境下可靠的工作。

当磁性物件移近霍尔式接近开关时，开关检测面上的霍尔元件因产生霍尔效应而使开关内部电路状态发生变化，由此来识别附近有无磁性物体存在，进而控制开关的通或断。这种接近开关的检测对象必须是磁性物体。用霍尔 IC 也能实现接近开关的功能，但是它只能用于铁磁材料，并且还需要建立一个较强的闭合磁场。当磁铁的有效磁极接近、并达到动作距离时，霍尔式接近开关动作。图 8－12 为各种霍尔式接近开关。

图 8－12　霍尔式接近开关

在图 8－13 霍尔式接近开关应用结构中，当磁铁随运动部件移动到距霍尔接近开关几毫米时，霍尔 IC 的输出由高电平变为低电平，使继电器吸合或释放，控制运动部件停止移动(否则将撞坏霍尔 IC)，起到限位的作用。

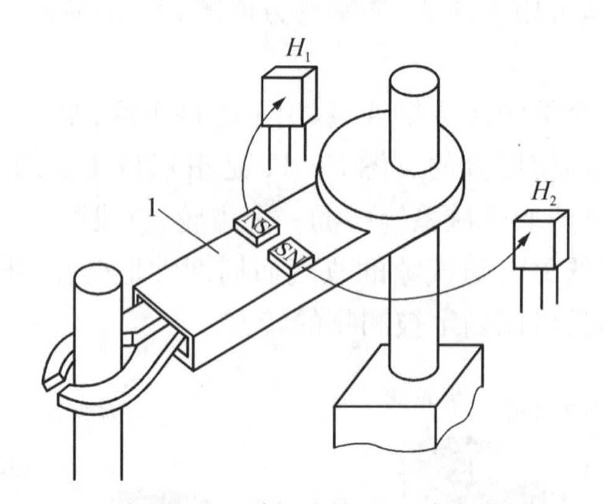

图 8－13　霍尔式接近开关应用

3) 霍尔电流传感器

霍尔电流传感器是近十几年发展起来的新一代的电力传感器。它具有常规电流互感器无法比拟的优点。例如，能够测量直流和脉动电流，弱电回路与主回路隔离，能够输出与被测电流波形相同的“跟随电压”，容易与计算机及二次仪表接口，准确度高、线性度好、响应时间快、频带宽，不会产生过电压等，因而广泛应用于电力逆变、传动、冶金等自动控制系统的电流检测和控制、高压隔离等场合。

如图 8－14 所示，用环形或方形导磁材料作铁芯，套在被测电流流过的导线(也称电流母线)上，将导线中电流产生的磁场聚集在铁芯中。将被测电流的导线穿过霍尔电流传感器的检测孔，当有电流通过导线时，在导线周围将产生磁场，磁力线集中在铁芯内，并在铁芯的缺口处穿过霍尔元件，从而产生与电流成正比的霍尔电压。

开环的霍尔电流传感器采用的是霍尔直放式原理，闭环的霍尔电流传感器采用的是磁平衡原理。所以闭环的霍尔电流传感器在响应时间和精度上要比开环的好很多。开环和闭环都可以监测交流电，一般开环的适用于大电流的监测，闭环适用于小电流的监测。

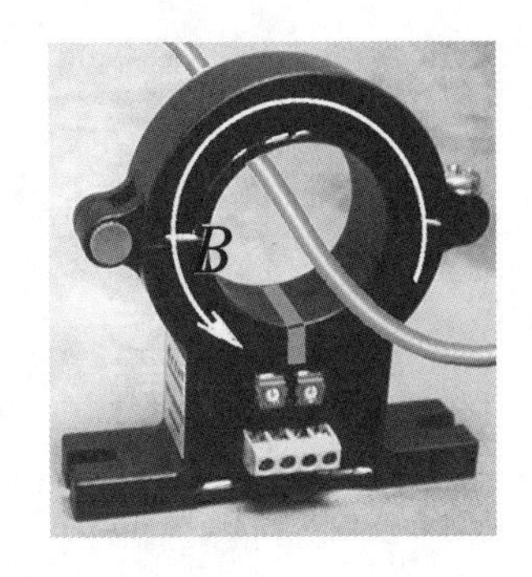

图 8-14 霍尔电流传感器的外形和原理

开环式霍尔传感器的工作过程：原边电流 IP 通过一根导线时，在导线四周将会产生一个磁场，这个磁场的大小与流过导线的电流成正比，它能通过磁芯聚集感应到霍尔器件上并使其有一信号输出。这一信号经信号放大器放大后直接输出，霍尔器件输出的信号准确反映了原边电流的输出情况。

闭环霍尔电流传感器的工作过程：当原边电流 IP 产生的磁通通过磁芯集中在磁路中时，霍尔器件固定在气隙中检测磁通，通过绕在磁芯上的多匝线圈输出反向的补偿电流，用于抵消原边电流 IP 产生的磁通，使得磁路中磁通始终保持为零。霍尔器件和辅助电路产生的副边补偿电流准确反映了原边电流的大小。经过特殊电路的处理，传感器的输出端能够输出精确反映原边电流的电流变化。

霍尔电流传感器如果想得到广泛的应用，需要改进的地方还很多。首先就要提高灵敏度、恶劣条件下工作的稳定性、降低工作电压以及实现微功耗；其次是敏感元件及其处理电路集成化、小型化；再次必须做到功能多样化，同一种敏感机理的敏感器，引用和融合了电子技术其他分支的相关成熟技术，可形成新功能或复合功能的新型品种；最后要便于组网，传感器捕获的信息要便于与其上层、下层接口和有线或无线传输，以利于执行、保存和处理信息。

思考与习题

1. 下列属于四端元件的是________。

A. 应变片　　B. 压电晶片　　C. 霍尔元件　　D. 热敏电阻

2. 霍尔元件采用恒流源激励是为了________。

A. 提高灵敏度　　B. 克服温漂　　C. 减小不等位电势

3. 减小霍尔元件输出的不等位电势的办法是________。

A. 减小激励电流　　B. 减小磁感应强度　　C. 使用电桥调零电位器

4. 什么是霍尔效应？

5. 为什么导体材料和绝缘体材料均不宜做成霍尔元件？

6. 什么是霍尔元件的温度特性？如何进行补偿？

7. 写出你认为可以用霍尔传感器来检测的物理量。

8. 某霍尔电流变送器的额定匝数比为 1/1 000，额定电流值为 100 A，被测电流母线直接穿过铁心，测得二次电流为 0.05 A，则被测电流为多少？

9. 试设计一个采用霍尔传感器的液位控制系统。

第9章　压电式传感器

压电式传感器是一种典型的自发式传感器，它由传力机构、压电元件和测量转换电路组成。它的工作原理是基于某些电介质的压电效应，外力作用时，在电介质的表面产生电荷，实现力与电荷的转换，可以测量最终能转换为力的非电物理量，如压力、加速度等。常见的压电材料有石英晶体、压电陶瓷等。

压电式传感器具有体积小、重量轻、工作频带宽、灵敏度高、工作可靠、测量范围广等特点，因此在各种动态力、机械冲击与振动的测量，以及声学、医学、力学、宇航等方面都得到了非常广泛的应用。

9.1　压电式传感器的工作原理及结构

9.1.1　压电效应

某些物质(物体)，如石英、铁酸钡等，沿一定方向上受到外力的作用产生变形时，其内部会产生极化现象，同时在它的两个相对表面上出现极性相反的电荷。当外力去掉后，它又会恢复到不带电的状态，这种现象称为正压电效应。当作用力的方向改变时，电荷的极性也随之改变。相反，当在这些物质(物体)的极化方向上施加电场时，这些物质(物体)也会发生变形，电场去掉后，物质(物体)的变形随之消失，这种现象称为逆压电效应，或称为电致伸缩现象。压电材料能实现机械能-电能的相互转换，如图9-1所示。

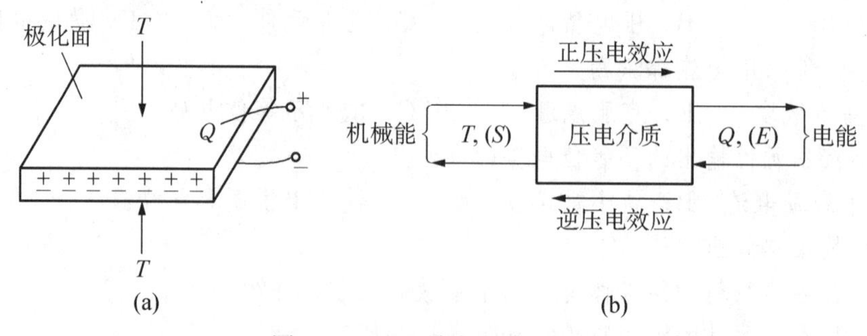

图9-1　压电效应及其可逆性

9.1.2　压电材料

在自然界中，大多数晶体都具有压电效应，但是多数晶体的压电效应很微弱，具有实用

价值的压电材料基本上可以分为两大类:压电晶体和压电陶瓷。前者为晶体,后者为极化处理的多晶体,它们都具有较大的压电常数,机械性能良好,时间稳定性好,温度稳定性好等特性,所以是较理想的压电材料。

1. 石英晶体

石英晶体是结晶六边形体系,在晶体学中可以用三根相互垂直的轴 X、Y、Z 来表示它们的坐标,其中,纵轴 Z 称为光轴,通过六棱线而垂直于光轴的 X 铀称为电轴,与 $X-X$ 轴和 $Z-Z$ 轴垂直的 $Y-Y$ 轴(垂直于六棱柱体的棱面)称为机械轴,如图 9-2 所示。如果从石英晶体中切下一个平行六面体并使其晶面分别平行于 $Z-Z$、$Y-Y$、$X-X$ 轴线。晶片在正常情况下呈现电性。通常把沿电轴(X 轴)方向的作用力产生的压电效应称为纵向压电效应,把沿机械轴(Y 轴)方向的作用力产生的压电效应称为横向压电效应,沿光轴(Z 轴)方向的作用力不产生压电效应。压电式传感器主要是利用纵向压电效应。

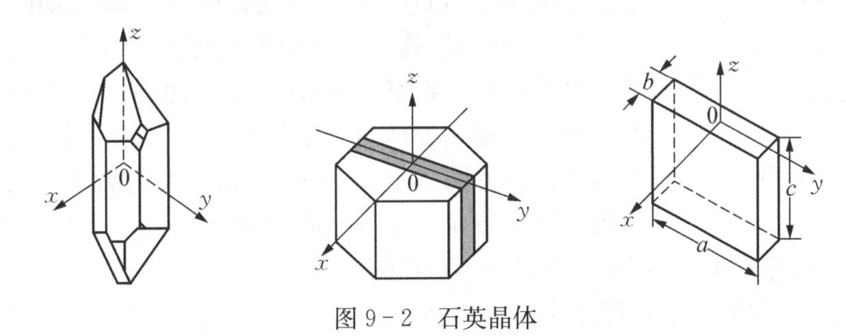

图 9-2 石英晶体

在晶体切片上,产生的电荷极性与受力方向有关。如图 9-3 所示,若沿晶片的 X 轴施加压力 F_X,则在加压的两表面上分别出现正、负电荷,如图 9-3(a)所示。若沿晶片的 Y 轴施加压力 F_Y 时,则在加压的表面上不出现电荷,电荷仍出现在垂直于 X 轴的表面上,只是电荷的极性相反,如图 9-3(c)所示。若将在 X 轴和 Y 轴方向施加的压力改为拉力,则产生电荷的位置不变,电荷的极性相反,如图 9-3(b)、(d)所示。

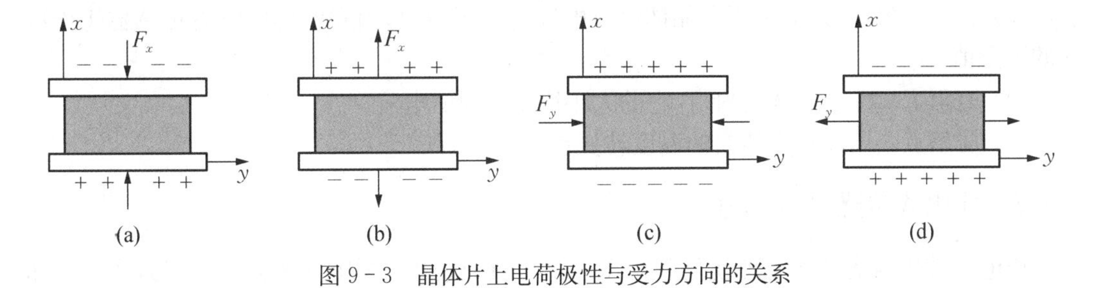

图 9-3 晶体片上电荷极性与受力方向的关系

无论是正压电效应还是逆压电效应,其作用力(或应变)与电荷(或电场强度)之间皆呈线性关系。

2. 压电陶瓷

压电陶瓷是人工制造的多晶体压电材料。材料内部的晶粒有许多自发极化的电畴,它有一定的极化方向,从而存在电场。在无外电场作用时,电畴在晶体中杂乱分布,它们各自的极化效应被相互抵消,压电陶瓷内极化强度为零。因此原始的压电陶瓷呈中性,不具有压电性质。图 9-4(a)为钛酸钡压电陶瓷未极化时的电畴分布情况。

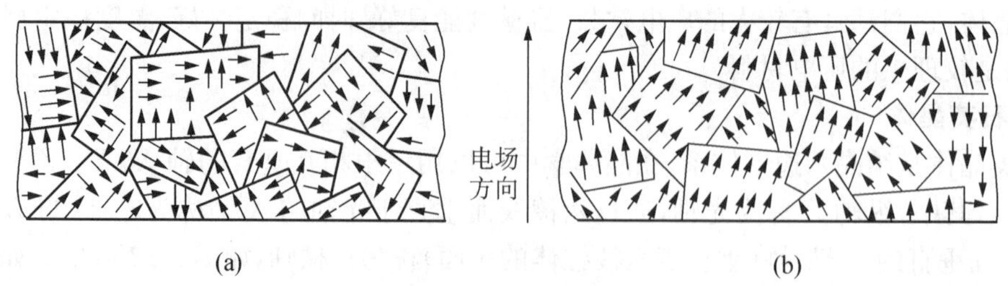

图 9-4　压电陶瓷的电畴机构

(a) 未极化　(b) 已极化

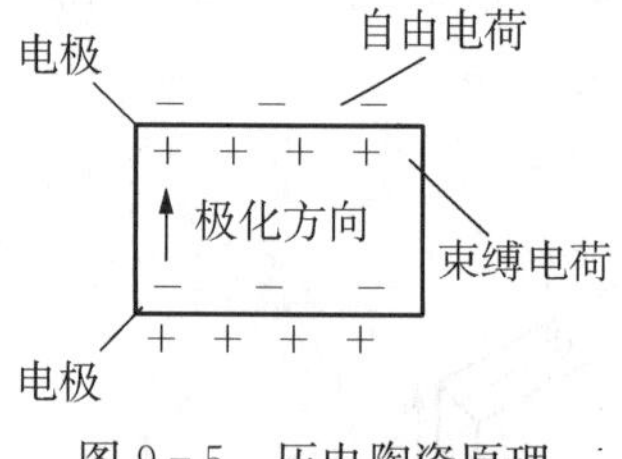

图 9-5　压电陶瓷原理

在陶瓷上施加外电场时，电畴的极化方向发生转动，趋向于按外电场方向的排列，从而使材料得到极化，如图 9-4(b)所示。外电场越强，就有越多的电畴更完全地转向外电场方向。当外电场强度大到使材料的极化达到饱和的程度时，即所有电畴极化方向都整齐地与外电场方向一致时，当外电场去掉后，电畴的极化方向基本没变化，即剩余极化强度很大，压电陶瓷呈现出压电效应。当压电陶瓷在极化面上受到垂直于它均匀分布的作用力时，则在极化面上出现正负电荷，如图 9-5 所示。

压电陶瓷的压电系数比石英晶体的大得多，所以采用压电陶瓷制作的压电式传感器的灵敏度较高。极化处理后的压电陶瓷材料的剩余极化强度和特性与温度有关，它的参数也随时间变化，从而使其压电特性减弱。

3. 压电材料的主要特性指标

(1) 压电系数 d，表示压电材料产生电荷与作用力的关系，一般指单位作用力下产生电荷的多少，单位为 C/N(库伦/牛顿)。

(2) 刚度 H，是固有频率的重要参数。

(3) 介电常数，这是决定压电晶体固有电容的主要参数，固有电容影响着传感器工作频率的下限值。

(4) 电阻 R。压电晶体的内阻，它的大小决定其泄露电流。

(5) 居里点。压电效应消失的温度转变点。

9.1.3　压电式传感器的结构

压电式传感器的基本原理就是利用压电材料具有压电效应的特性，即当有力作用在压电材料上时，传感器就有电压(电荷)输出。

压电式传感器的结构如图 9-5 所示，在压电晶片的两个工作面上进行金属蒸镀，形成金属膜，构成两个电极。当压电晶片收到压力 F 的作用时，分别在两个极板上积聚数量相等而极性相反的电荷，形成点成。因此，压电式传感器可以看成一个电荷发生器，或看成一个电容。

如果施加于压电晶片的外力不变，积聚在极板上的电荷又无泄露，那么在外力继续作用时，电荷量将保持不变，这时在极板上积聚的电荷与力的关系为

$$q = DF \tag{9-1}$$

式中：q——电荷量；

F——作用力(N)；

D——压电常数(C/N)，与材质及切片的方向有关。

由于外力作用在压电元件上产生的电荷只有在无泄漏的情况下才能保存，即需要测量回路具有无限大的输入阻抗，这实际上是不可能的，因此压电式传感器不能用于静态测量。压电元件在交变力的作用下，电荷可以不断补充，可以供给测量回路以一定的电流，故只适用于动态测量(一般必须高于 100 Hz，但在 50 kHz 以上时，灵敏度下降)。

9.2　压电式传感器的等效电路

9.2.1　压电晶片的连接方式

在实际应用中，由于单片的输出电荷很小，因此，组成压电式传感器的晶片不止一片，常常将两片或两片以上的晶片粘结在一起。粘结的方法有两种，即并联和串联，如图 9-6 所示。

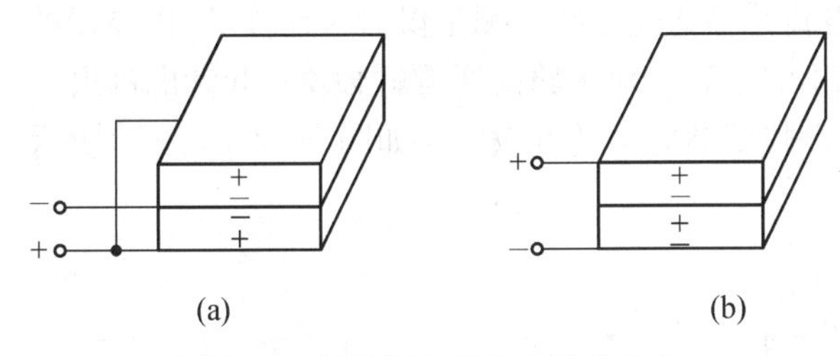

图 9-6　两块压电晶片的连接方式

(a) 并联　(b) 串联

1. 并联

并联时两片压电晶片的负电荷集中在中间电极上，正电荷集中在两侧的电极上，$q'=2q$，$U'=U$，$C'=2C$，即传感器的电容量大、输出电荷量大、时间常数也大，故这种传感器适用于测量缓变信号和电荷量输出信号。

2. 串联

串联时正电荷集中于上极板，负电荷集中于下极板，$q'=q$，$U'=2U$，$C'=\frac{1}{2}C$，即传感器本身的电容量小、响应快、输出电压大，故这种传感器适用于测量以电压作为输出的信号以及频率较高的信号。

9.2.2　等效电路

当压电晶体承受应力作用时，在它的两个极面上出现极性相反但电量相等的电荷。故可把压电传感器看成一个电荷源与一个电容并联的电荷发生器，如图 9-7(a)所示。其电容量为

$$C_a=\frac{\varepsilon S}{\delta}=\frac{\varepsilon_r\varepsilon_0 S}{\delta} \tag{9-2}$$

当两极板聚集异性电荷时，板间就呈现出一定的电压，其大小为

$$U_a = \frac{q}{C_a} \tag{9-3}$$

因此，压电传感器还可以等效为电压源 U_a 和一个电容器 C_a 的串联电路，如图 9－7(b)所示。

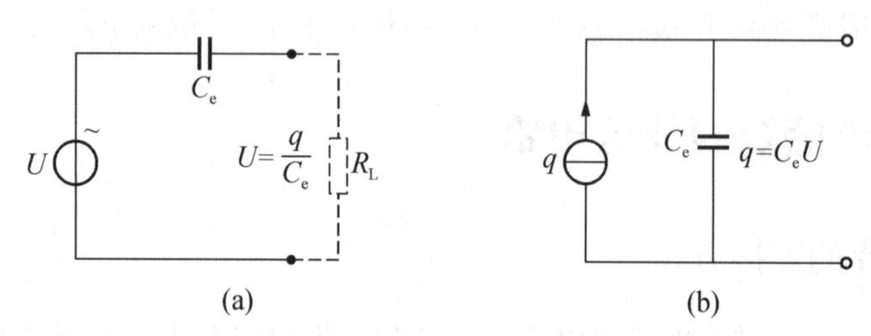

图 9－7　压电式传感器的等效电路

(a) 电压等效电路　(b) 电荷等效电路

实际使用时，压电传感器通过导线与测量仪器相连接，连接导线的等效电容 C_C、前置放大器的输入电阻 R_i、输入电容 C_i 对电路的影响就必须一起考虑进去。当考虑了压电元件的绝缘电阻 R_a 以后，压电传感器完整的等效电路如图 9－8(a)、(b)所示。这两种电路是完全等效的。

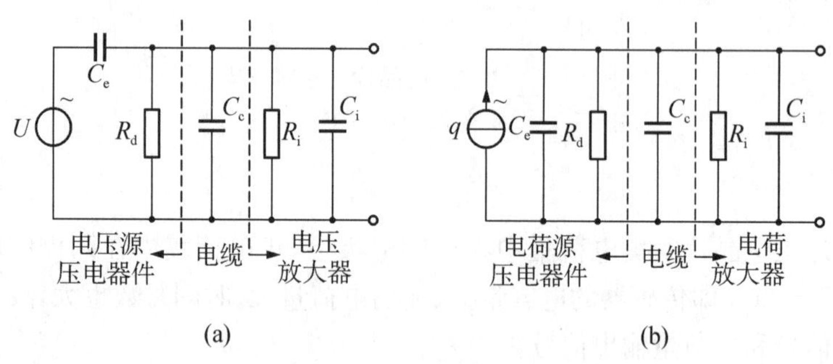

图 9－8　压电传感器在测量系统中的等效电路

(a) 电压源　(b) 电荷源

9.3　压电式传感器的测量电路

压电传感器的内阻抗很高，而输出信号却很微弱，因此一般不能直接显示和记录。

压电传感器要求测量电路的前级输入端有足够高的阻抗，防止电荷迅速泄露而使测量误差减少。压电式传感器的前置放大器有两个作用：一是把传感器的高阻抗输出变换为低阻抗输出，二是把传感器的微弱信号进行放大。压电传感器的输出可以是电压信号，也可以是电荷信号，所以前置放大器有两种形式：电压放大器和电荷放大器。

9.3.1　电压放大器(阻抗变换器)

在图9-9中,电阻 $R=R_aR_i/(R_a+R_i)$,电容 $C=C_c+C_i$,而 $u_a=q/C_a$,若压电元件受正弦力 $f=F_m\sin\omega t$ 的作用,则其电压为

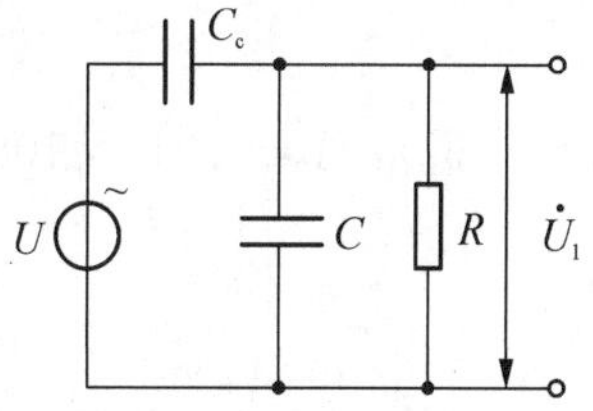

$$\dot{U}_a=\frac{dF_m}{C_a}\sin\omega t=U_m\sin\omega t \qquad (9-4)$$

图9-9　压电式传感器接放大器的等效电路

式中:U_m——压电元件输出电压幅值,$U_m=dF_m/C_a$;

d——压电系数。

在理想情况下,传感器的 R_a 电阻值与前置放大器输入电阻 R_i 都为无限大,即 $\omega(C_a+C_c+C_i)R\gg1$,那么由式(9-4)可知,理想情况下输入电压幅值 U_{im} 为

$$U_{im}=\frac{dF_m}{C_a+C_c+C_i} \qquad (9-5)$$

上式表明前置放大器输入电压 U_{im} 与频率无关,一般在 $\omega/\omega_0>3$ 时,就可以认为 U_{im} 与 ω 无关,ω_0 表示测量电路时间常数之倒数,即

$$\omega_0=\frac{1}{(C_a+C_c+C_i)R} \qquad (9-6)$$

这表明压电传感器有很好的高频响应,但是,当作用于压电元件的力为静态力($\omega=0$)时,前置放大器的输出电压等于零,因为电荷会通过放大器输入电阻和传感器本身漏电阻漏掉,所以压电传感器不能用于静态力的测量。

当 $\omega(C_a+C_c+C_i)R\gg1$ 时,放大器输入电压 U_{im} 如式(9-5)所示,式中 C_c 为连接电缆电容,当电缆长度改变时,C_c 也将改变,因而 U_{im} 也随之变化。因此,压电传感器与前置放大器之间连接电缆不能随意更换,否则将引入测量误差。

9.3.2　电荷放大器

电荷放大器等效电路如图9-10所示,常作为压电传感器的输入电路,由一个反馈电容 C_f 和高增益运算放大器构成。

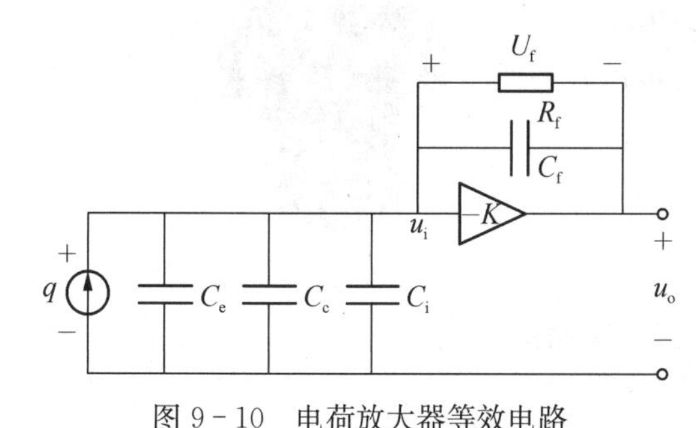

图9-10　电荷放大器等效电路

由于运算放大器的输入阻抗极高,放大器输入端几乎没有分流,故可略去 R_a 和 R_i 并联电阻,其输出电压为

$$U_0\approx U_f=-\frac{q}{C_f} \qquad (9-7)$$

式中:U_0——放大器输出电压;

U_f——反馈电容两端电压。

由运算放大器基本特性，可求出电荷放大器的输出电压：

$$U_0 = \frac{-Aq}{C_a + C_c + C_i + (1 + A)C_f} \tag{9-8}$$

通常 $A = 104 \sim 108$，因此，当满足 $(1 + A)C_f \gg C_a + C_c + C_i$ 时，上式可表示为

$$U_0 \approx -\frac{q}{C_f} \tag{9-9}$$

由上式知，电荷放大器的输出电压 U_0 只取决于输入电荷与反馈电容 C_f，与电缆电容 C_c 无关，且与 q 成正比，因此，采用电荷放大器时，即使连接电缆长度在百米以上，其灵敏度也无明显变化，这是电荷放大器的最大特点。在实际电路中，C_f 的容量做成可选择的，范围一般为 100～104 pF。

9.4 压电式传感器应用举例

9.4.1 压电式压力传感器

压电式压力传感器是基于压电效应的压力传感器，种类和型号繁多。按弹性敏感元件和受力机构的形式可以分为膜片式和活塞式两类。膜片式主要由本体、膜片和压电元件组成，如图 9-11 所示。压电元件支撑在本体上，由膜片将被测压力传递给压电元件，再由压电元件输出与被测压力成一定关系的电信号。

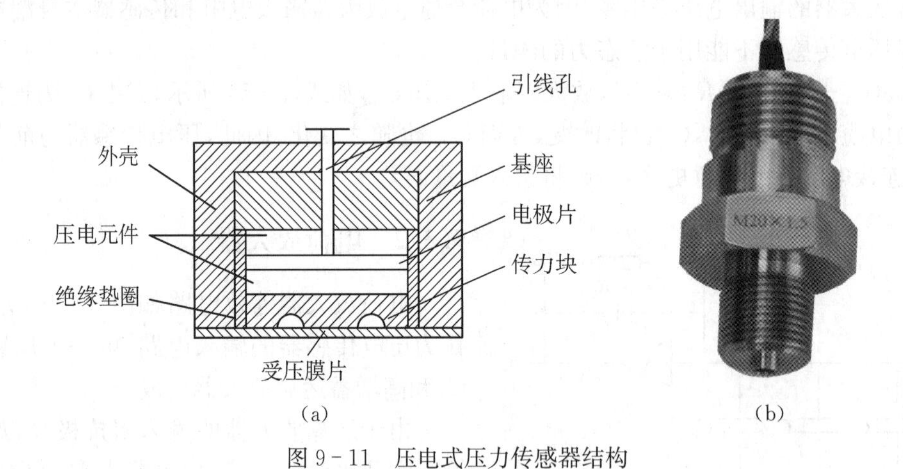

图 9-11　压电式压力传感器结构

(a) 内部结构　(b) 实物

当膜片受到压力 F 作用后，在压电晶片表面上产生电荷。在一个压电片上所产生的电荷 q 为

$$q = d_{11}F = d_{11}SP \tag{9-10}$$

式中：S——晶体表面积；

d_{11}——压电系数。

即压电式压力传感器的输出电荷 q 与输入压强 P 成正比。

9.4.2　压电式加速度传感器

图 9－12 是一种压电式加速度传感器。它主要由压电元件、质量块、锁定弹簧、基座及外壳等组成。整个部件装在外壳内，并由螺栓加以固定。

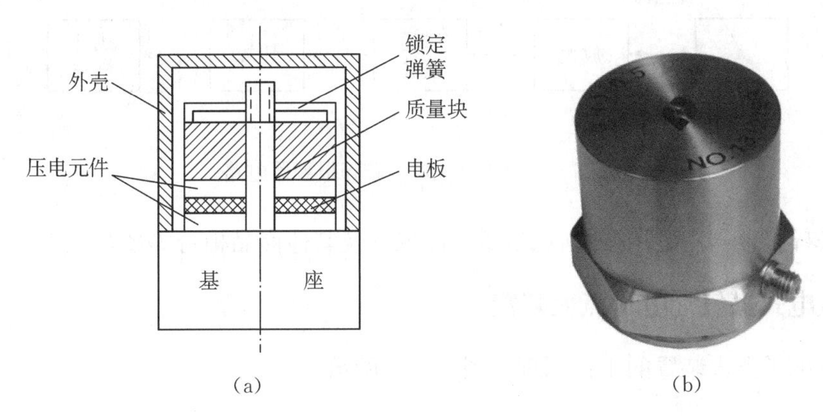

图 9－12　压电式加速度传感器
(a) 内部结构　(b) 实物

当加速度传感器和被测物一起受到冲击振动时，压电元件受质量块惯性力的作用，根据牛顿第二定律，此惯性力是加速度的函数，即

$$F = ma \tag{9-11}$$

式中：F——质量块产生的惯性力；

m——质量块的质量；

a——加速度。

此时惯性力 F 作用于压电元件上，因而产生电荷 q，当传感器选定后，m 为常数，则传感器输出电荷为 $q = d_{11}F = d_{11}ma$。

q 与加速度 a 成正比。因此，测得加速度传感器输出的电荷便可知加速度的大小。

9.4.3　压电式玻璃破碎报警器

BS－D2 压电式传感器是专门用于检测玻璃破碎的一种传感器，它利用压电元件对振动敏感的特性来感知玻璃受撞击时产生的振动波。传感器把振动波转换成电压输出，输出电压经放大、滤波、比较等处理后提供给报警系统。

BS－D2 压电式玻璃破碎传感器的外形及内部电路如图 9－13 所示，传感器的最小输出电压为 100 mV，最大输出电压为 100 V，内阻抗为 15～20 k。

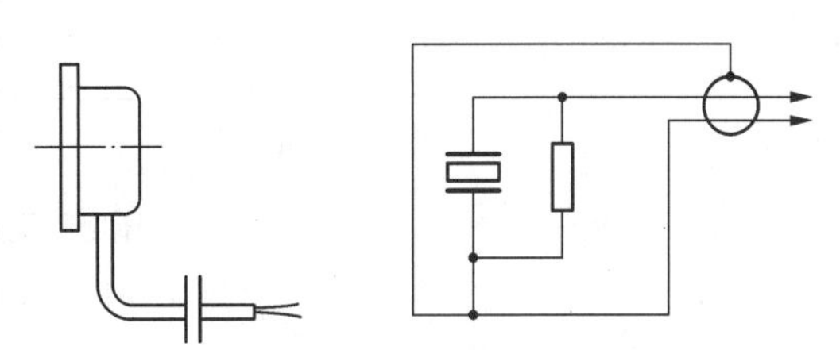

图 9－13　BS－D2 压电式玻璃破碎传感器的外形及内部电路

BS－D2 压电式玻璃破碎传感器的电路如图 9－14 所示，使用时，将传感器粘在玻璃上，然后通过电缆与报警电路相连。为了提高报警器的灵敏度，信号被放大后，需经过带通滤

波器进行滤波，要求它对选定的频谱的衰减要小，而带外衰减要尽量大。由于玻璃振动的波长在音频和超声波的范围内，使滤波器成为电路中的关键。当传感器输出信号高于设定的阈值时，才会输出报警信号，驱动报警执行机构工作。

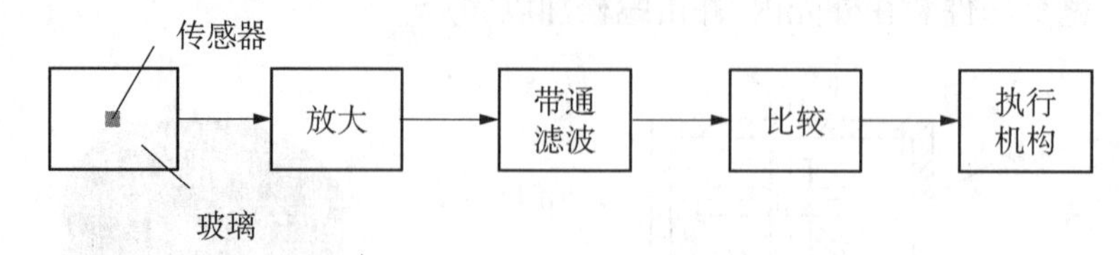

图 9-14　压电式玻璃破碎报警器电路

玻璃破碎报警器广泛用于文物、贵重商品保管及其他商品柜台等场合。

9.4.4　压电式煤气灶电子点火装置

压电式电子点火装置的工作原理如图 9-15 所示。

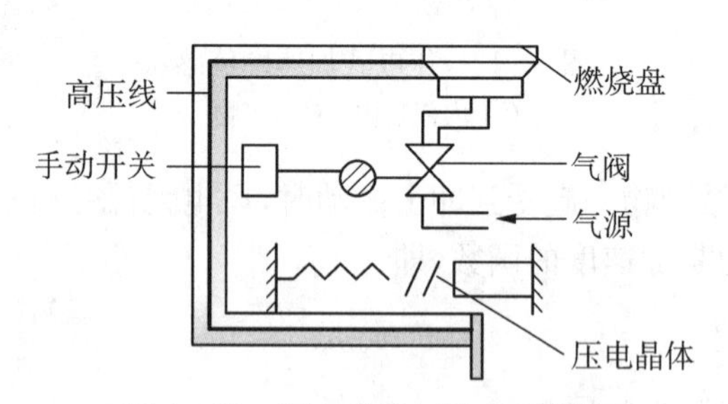

图 9-15　压电式煤气灶点火装置

当使用者将开关往下压时，打开气阀，再旋转开关，使弹簧往左压，这时弹簧有一个很大的力，撞击压电晶体，使压电晶体产生电荷，电荷经高压线引至燃烧盘，高压放电产生电火花，导致燃烧盘的煤气点火燃烧。

9.4.5　压电式声传感器

压电式声传感器的工作原理如图 9-16 所示。

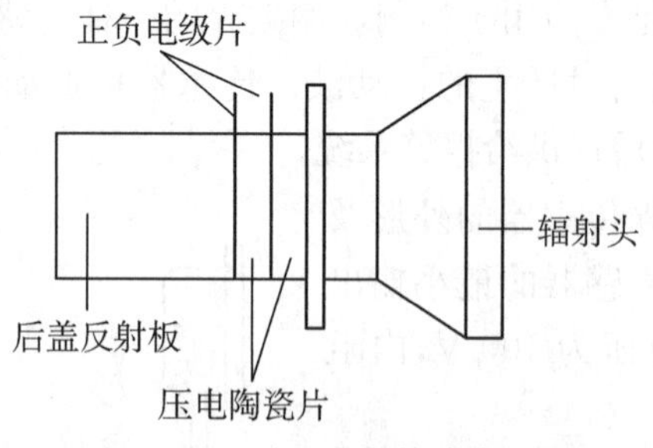

图 9-16　压电式声传感器原理

当交变信号加在压电陶瓷片两端面时，由于压电陶瓷的逆压电效应，陶瓷片会在电极方向产生周期性的伸长或缩短。

当一定频率的声频信号加在换能器上时，换能器上的压电陶瓷片受到外力作用而产生压缩变形，由于压电陶瓷的正压电效应，压电陶瓷上将出现充、放电现象，即将声频信号转换成为交变电信号。这时的声传感器就是声频信号接收器。

如果换能器中压电陶瓷的振荡频率在超声波范围内，则其发射或接收的声频信号即为超声波，这样的换能器称为压电超声换能器。

思考与习题

1. 什么是压电效应？以石英晶体为例说明压电晶体是怎么产生压电效应的。
2. 压电片叠在一起的特点及连接方式是什么？
3. 压电式传感器测量电路的作用是什么？其目的是解决什么问题？
4. 压电式传感器能否用于静态测量？为什么？
5. 简述压电加速度传感器的工作原理。

第10章 光电传感器

光电传感器是以光电元件作为检测元件的传感器，一般由光源、光学通路和光电元件三部分组成。它首先把被测量的变化转换成光信号的变化，然后借助光电元件进一步将光信号转换成电信号。它可用于检测直接引起光量变化的非电量，如光强、光照度、辐射测温、气体成分分析等；也可用来检测能转换成光量变化的其他非电量，如零件直径、表面粗糙度、应变、位移、振动、速度、加速度，以及物体的形状、工作状态的识别等。光电检测方法具有精度高、反应快、非接触等优点，而且可测参数多，传感器的结构简单，形式灵活多样，因此，光电传感器在检测和控制系统中应用非常广泛。随着新的光电器件的不断涌现，特别是CCD图像传感器的诞生，为光电传感器的进一步应用开创了新的一页。

本章首先简单介绍常用的光源，再着重介绍各种光电元件及其特性，最后介绍光电传感器的典型应用。

10.1 常用光源

宇宙间的物体有的是发光的，有的是不发光的，我们把自己能发光且正在发光的物体叫做光源。光源种类多样，大致可以分为自然光源和人造光源两类。由自然过程产生的光源(如太阳、月亮、星光等)称为自然光源。自然光源可以为光电探测器提供照明光源或者形成干扰。为了消除自然光源照明不足，可以应用各种人造光源。人造光源是随着人类的文明和科学技术的发展逐渐制造出来的光源。

1. 白炽光源

白炽光源中最常用的是钨丝灯。钨丝白炽灯是在电流作用下维持钨丝温度并使热辐射体发光。它产生的光谱线较丰富，一般包含可见光与红外光，使用时，常与滤色片配合使用以获得不同窄带频率的光。钨丝白炽灯有各种规格，一般都具有结构简单、造价低廉的特点，因此应用普遍。在灯泡中充入卤素形成的卤钨灯，亮度较高、发光效率高、形体小、成本低，性能较好，常作为大型照明设备光源，在光电传感技术中应用较广。

2. 气体放电光源

气体放电光源是通过高压使气体电离产生很强的光辐射。因为其不发热，也被称做冷光源。其辐射光谱为线光谱或带光谱。具体线光谱和带光谱的结构与放电气体成分有关。如钠灯只发射589.0 nm和589.6 nm的双黄光，氙灯发出的往往为带状光谱。

3. 半导体发光光源

发光二极管(LED)是一种电致发光的半导体器件，它与钨丝白炽灯相比具有体积小、

重量轻、电压低、功耗低、寿命长、响应快、便于与集成电路相匹配等优点,因此得到了广泛的应用。目前有各种单色性较好的单色 LED,也有高效大功率的白光 LED。随着各个国家半导体照明计划的提出和白光 LED 技术的进步,目前的多种照明光源都可能被其代替。

4. 激光(Laser)

激光最初的中文名叫做"镭射"、"莱塞",是它的英文名称 Laser 的音译,意思是"通过受激发射光扩大"。1964 年按照我国著名科学家钱学森建议将"光受激发射"改称"激光"。激光是一种新型的发光器件,它和普通光源有显著的差别。激光具有三大特点:方向性强、单色性好和亮度高。

1) 方向性强(准直性好)

光束的发散度极小,大约只有 0.001 弧度,接近平行。1962 年,人类第一次使用激光照射月球,地球离月球的距离约 38 万公里,但激光在月球表面的光斑不到两公里。如果以聚光效果很好、看似平行的探照灯光柱射向月球,其光斑直径将覆盖整个月球。

2) 单色性好

激光器输出的光,波长分布范围非常窄,因此颜色极纯。以输出红光的氦氖激光器为例,其光的波长分布范围可以窄到 2×10^{-9} 米,是氪灯发射的红光波长分布范围的万分之二。由此可见,激光器的单色性远远超过任何一种单色光源。

3) 亮度高

在激光发明前,人工光源中高压脉冲氙灯的亮度最高,与太阳的亮度不相上下,而红宝石激光器的激光亮度,能超过氙灯的几百亿倍。

激光光源的这些特点使它的出现成为光学中划时代的标志。目前常用的激光器主要有气体激光器(He-Ne 激光器、CO_2 激光器、Ar+激光器等)、固体激光器(红宝石激光器、玻璃激光器、Nd:YAG 激光器)、液体激光器(染料激光器)和半导体激光器(GaAlAs 激光器、InGaAsP 激光器)等。其中半导体激光器的体积小、重量轻、寿命长、效率高、结构简单而坚固,特别适用于光通信、光电测试、自动控制等技术领域,是目前最有前途的发展最快的激光器。

半导体激光器,也叫激光二极管,其本质上就是一个半导体二极管,按照 PN 结材料是否相同,可把激光二极管分为同质结、单异质结、双异质结和量子阱激光二极管。某型号激光二极管的外形及尺寸如图 10-1(a)所示。其内部结构类型有三种,如图 10-1(b)所示。

由图(b)可知,激光二极管内包括两个部分:第一部分是激光发射部分(可用 LD 表示),它的作用是发射激光,如图中电极(1);第二部分是激光接收部分(可用 PD 表示),它的作用是接收、监测 LD 发出的激光(当然,若不需监测 LD 的输出,PD 部分则可不用),如图中电极(3);这两个部分共用公共电极(2)。因此,激光二极管有三个电极。

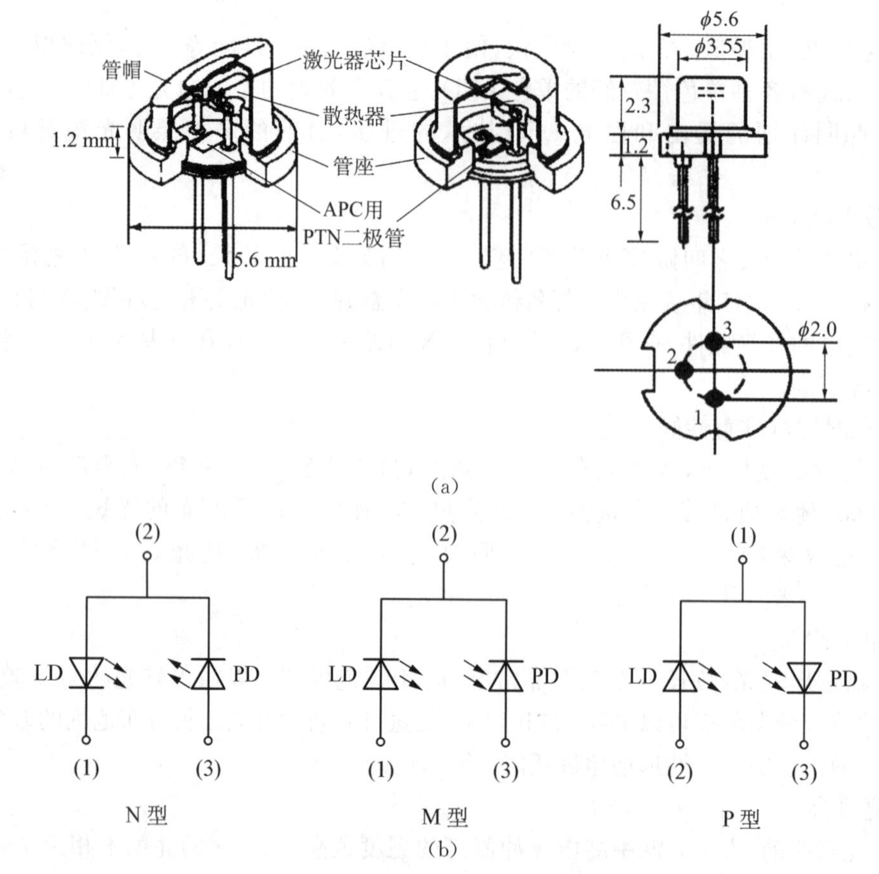

图 10-1　激光二极管外形及内部结构

(a) 激光二极管的外形及其尺寸　(b) 激光二极管的内部结构

10.2　光电效应及光电元件

光电元件是光电传感器中最重要的部件，常见的有真空光电元件和半导体光电元件两大类。它们的工作原理都基于不同形式的光电效应。

在光线作用下，能使电子逸出物体表面的现象称为外光电效应，基于外光电效应的光电元件有光电管、光电倍增管等，它们都属于真空光电元件。

在光线作用下能使物体的电阻率改变的现象称为内光电效应，基于内光电效应的光电元件有光敏电阻、光敏晶体管等，它们都属于半导体光电元件。

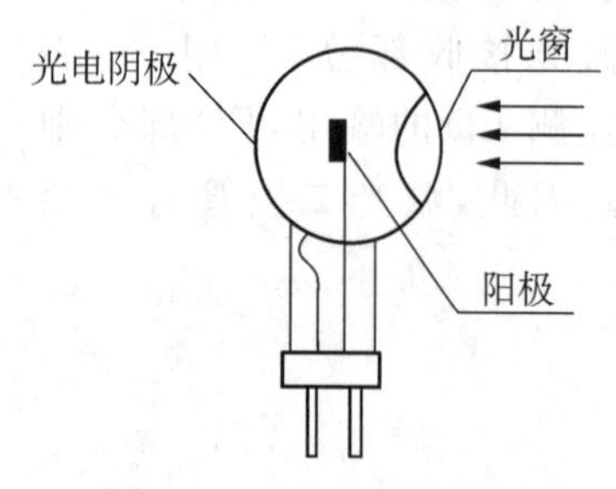

图 10-2　光电管的结构

在光线作用下物体产生一定方向电动势的现象称为光生伏特效应，基于光生伏特效应的光电元件有光电池等，它们都属于半导体光电元件。

1. 基于外光电效应的光电元件

1) 光电管

(1) 光电管的结构与原理：光电管是利用外光电效应制成的光电元件。其结构如图 10-2 所示，主要由一个阴极和

一个阳极构成，并且密封在一只真空玻璃管内。阴极装在玻璃管内壁上，其上涂有光电发射材料。阳极通常用金属丝弯曲成矩形或圆形，置于玻璃管的中央。

根据爱因斯坦假设：一个电子只能接受一个光子的能量。因此要使一个电子从物体表面逸出，必须使光子能量 ε 大于该物体的表面逸出功 A。各种不同的材料具有不同的逸出功 A，因此对某特定材料而言，将有一个频率限 ν_0（或波长限 λ_0），称为"红限"。当入射光的频率低于 ν_0 时（或波长大于 λ_0），不论入射光有多强，都不能激发电子；当入射频率高于 ν_0 时，不管它多么微弱，都会使被照射的物体激发电子，光越强则激发出的电子数目越多。

（2）光电管分类：光电管分为真空光电管和充气光电管两类。真空光电管按受照方式可分为侧窗式和端窗式。端窗式包括弱流和强流两种。强流光电管具有平行平板结构。在光电管内添加惰性气体如氖气，就形成充气光电管，充气光电管的光电阴极被光照射产生光子，这些光子在被阳极吸收的过程中，碰撞气体分子，使其电离，可以得到更多的正离子和自由电子，可以提高灵敏度。但充气光电管频率特性较差，受温度影响大，伏安特性为非线性。这些缺点限制了充气光电管的应用。

（3）光电管的基本特性：光电管器件的性能主要由伏安特性和光照特性来描述。

① 光电管的伏安特性：当光通量一定时，光电器件的阴极所加电压与阳极所产生的电流之间的关系阳极电压与阳(阴)极电流的关系，称为光电管的伏安特性，如图 10－3(a)所示。

当入射光比较弱时，由于光电子较少，只用较低的阳极电压就能收集到所有的光电子，而且输出电流很快就可以达到饱和；当入射光比较强时，使输出电流达到饱和，则需要较高的阳极电压。光电管的工作点应选在光电流与阳极电压无关的饱和区域内。由于这部分动态阻抗（d_U/d_I）非常大，以至于可以看作一个恒定电流源，能通过大的负载阻抗取出输出电压。光电管的灵敏度较低，有一种充气光电管，在管内充以少量的惰性气体，如氩、氖或氦（也有充混合气体的），其特性如图 10－3(b)所示。当光电阴极被光照射发射电子时，光电子在趋向阳极的途中撞击惰性气体的原子，使其电离（汤姆生放电），从而使阳极电流急速增加（电子倍增作用），提高了光电管的灵敏度。充气光电管的电压-电流特性不具有真空光电管的那种饱和特性，而是达到充气离子化电压附近时，阳极电流急速上升。急速上升部分的特性就是气体放大特性，放大系数为 5～10。充气光电管的优点是灵敏度高，但其灵敏度随电压显著变化的稳定性、频率特性等都比真空光电管差。所以在测试中一般选用真空光电管。

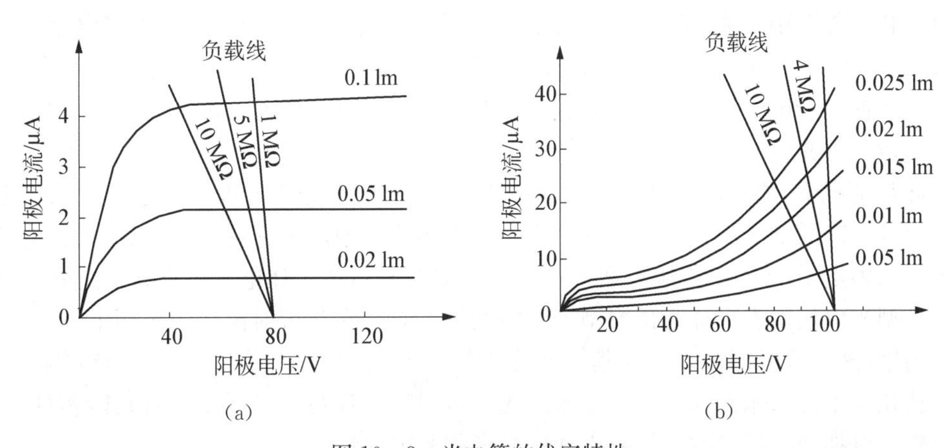

图 10－3 光电管的伏安特性

（a）真空光电管的伏安特性 （b）充气光电管的伏安特性

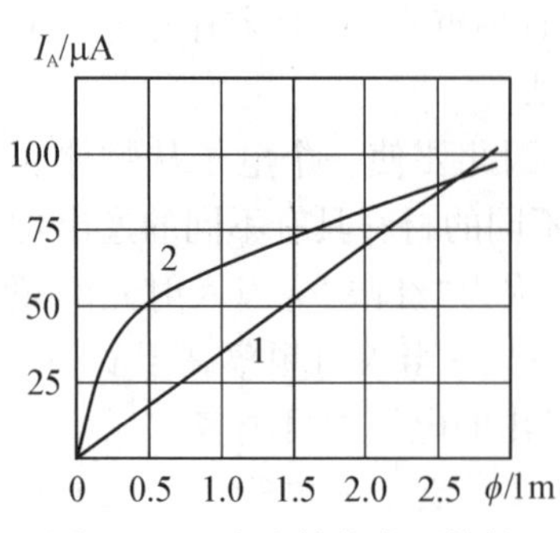

图 10－4　光电管的光照特性

② 光电管的光照特性：光电管的光照特性通常指当光电管的阳极和阴极之间所加电压一定时，光通量与光电流之间的关系，其特性曲线如图 10－4 所示。

曲线 1 表示氧铯阴极光电管的光照特性，光电流 I 与光通量 ϕ 成线性关系。曲线 2 为锑铯阴极的光电管光照特性，I 和 ϕ 成非线性关系。光照特性曲线的斜率（光电流与入射光光通量之间比）称为光电管的灵敏度。

2）光电倍增管

（1）光电倍增管的结构与原理：用光电管对微弱光进行检测时，光电管产生的光电流很小，由于放大部分所产生的噪声比决定光电管本身检测能力的光电流散粒效应噪声大得多，检测极其困难。若要解决对微弱光的检测，就要用光电倍增管。

光电倍增管是利用二次电子释放效应，将光电流在管内部进行放大。所谓二次电子释放效应是指高速电子撞击固体表面，再发射出二次电子的现象。图 10－5 为光电倍增管内部结构，它由光电阴极、次阴极（倍增电极）和阳极三部分组成。

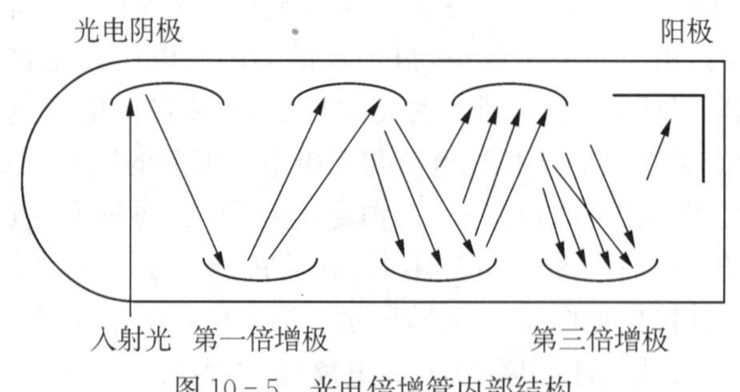

图 10－5　光电倍增管内部结构

光电阴极是由半导体光电材料锑铯做成；次阴极是在镍或铜-铍的衬底上涂上锑铯材料而形成的，次阴极多的可达 30 级；阳极是最后用来收集电子的，收集到的电子数是阴极发射电子数的 10^5～10^6 倍。即光电倍增管的放大倍数可达几万倍到几百万倍。光电倍增管的灵敏度比普通光电管高几万倍到几百万倍。因此在很微弱的光照时，它能产生很大的光电流。

（2）光电倍增管分类：光电倍增管按其接收入射光的方式一般可分为端窗型和侧窗型两大类。侧窗型光电倍增管是从玻璃壳的侧面接收入射光，端窗型光电倍增管则是从玻璃壳的顶部接收射光。

在通常情况下，侧窗型光电倍增管的单价比较便宜，在分光光度计、旋光仪和常规光度测定方面具有广泛的应用。大部分的侧窗型光电倍增管使用不透明光阴极（反射式光阴极）和环形聚焦型电子倍增极结构，这种结构能够使其在较低的工作电压下具有较高的灵敏度。

端窗型光电倍增管也称为顶窗型光电倍增管。它是在其入射窗的内表面上沉积了半透明的光阴极（透过式光阴极），这使其具有优于侧窗型的均匀性。端窗型光电倍增管的特点是拥有从几十平方毫米到几百平方厘米的光阴极，另外，现在还出现了针对高能物理实验用的可以广角度捕获入射光的大尺寸半球形光窗的光电倍增管。

按照光电倍增管的电子倍增系统不同，有环形聚焦型、盒栅型、直线聚焦型、百叶窗型、

细网型、微通道板(MCP)型、金属通道型和混合型等不同结构。

图10-6给出几种常见的光电倍增管结构。图(a)是很早就得到应用的侧窗聚焦型,光电面是不透明的,从光的入射侧取出电子。图(b)是直接定向线性聚焦型,图(c)是直接定向百叶窗型,图(d)是直接定向栅格型。图(b)、(c)、(d)都是直接定向型,光电面是透明的。这几种类型的电极构造各有特点。在图(a)、图(b)中电极的配置起到光学透镜的作用,叫作聚焦型,由于电子飞行的时间短,时间滞后也小,所以响应速度快。图(c)是百叶窗型,图(d)是栅格型,二者电子飞行时间都比较长,但不必要细致地调整倍增器电极间的电压分配就能获得较大的增益。

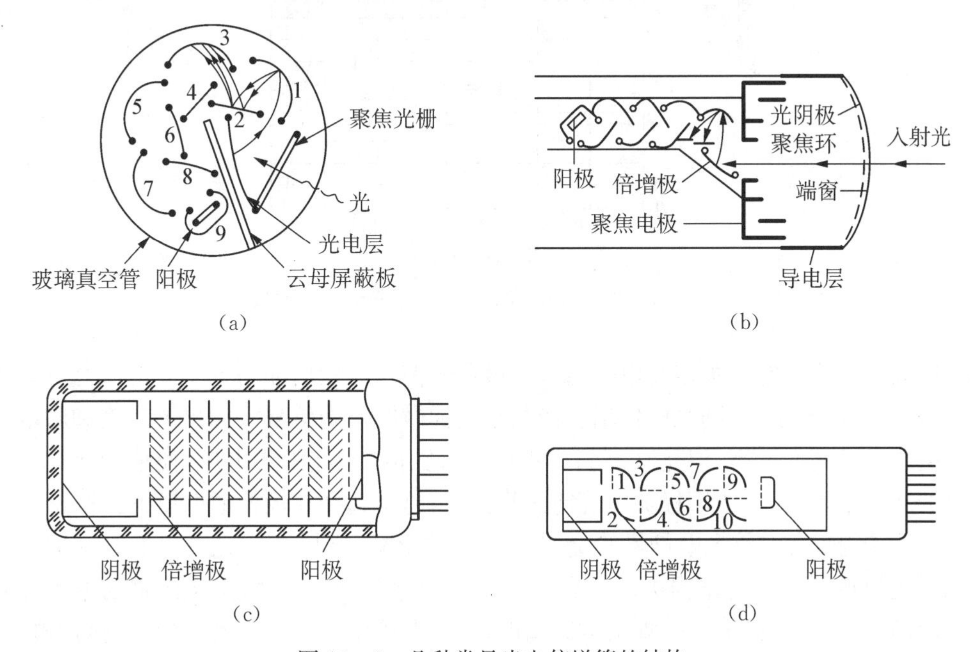

图10-6 几种常见光电倍增管的结构

(3) 光电倍增管的基本特性:

① 光谱响应:光电倍增管在阴极吸收入射光子的能量并将其转换为电子,其转换效率(阴极灵敏度)随入射光的波长而变,这种阴极灵敏度与入射光波长之间的关系叫做光谱响应特性。图10-7给出了双碱光电倍增管的典型光谱响应曲线。一般情况下,光谱响应特性的长波段取决于光电倍增管的阴极材料,短波段则取决于入射窗材料。

② 阴极光照灵敏度:阴极光照灵敏度,是指使用钨灯产生的2 856 K色温光测试的每单位通量入射光产生的阴极光电子电流。

③ 电流放大(增益):光电倍增管的阴极发射出来的光电子被电场加速后,撞击到第一倍增极上将产生二次电子发射,以便产生多于光电子数目的电子流,这些二次发射的电子流又被加速撞击到下一个倍增极,以产生又一次的二次电子发射,不断重复这一过程,直到最末倍增极的二次电子发射被阳极收集,这样就达到了电流放大的目的。这时光电倍增管阴极产生的很小的光电子电流即被放大成较大的阳极输出电流。而光电倍增管的倍增性能可用阳极灵敏度来描述。阳极灵敏度表示入射于光电阴极的单位光通量所产生的阳极电流,单位为安每流明。阳极灵敏度与阴极灵敏度的比值,即为光电倍增管的增益。

④ 阳极暗电流:光电倍增管在完全黑暗的环境下仍有微小的电流输出,这个微小的电

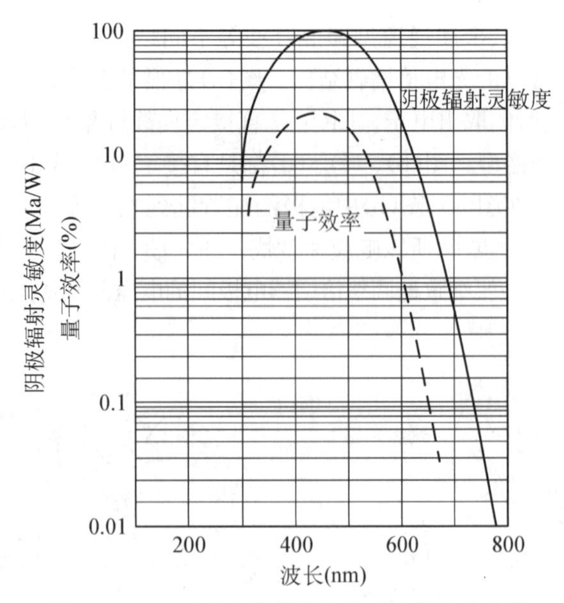

图 10-7　双碱光电倍增管的典型光谱响应曲线

流叫做阳极暗电流。它是决定光电倍增管对微弱光信号的检出能力的重要因素之一。阳极灵敏度越高,暗电流越小,则光电倍增管能测量更为微弱的光信号。阳极灵敏度和暗电流均随工作电压的升高而升高,但是升高斜率不同,因此存在最佳工作电压,使信噪比最大。一般用途的光电倍增管,只要阳极灵敏度能满足需求,总是选择在较低的电压下工作。

⑤ 磁场影响:大多数光电倍增管会受到磁场的影响,磁场会使光电倍增管中的发射电子脱离预定轨道而造成增益损失。这种损失与光电倍增管的型号及其在磁场中的方向有关。一般而言,从阴极到第一倍增极的距离越长,光电倍增管就越容易受到磁场的影响。

⑥ 温度特点:降低光电倍增管的使用环境温度可以减少热电子的发射,从而降低暗电流。另外,光电倍增管的灵敏度也会受到温度的影响。在紫外线和可见光区,光电倍增管的温度系数为负值,到了长波截止波长附近则呈正值。由于在长波截止波长附近的温度系数很大,所以在一些应用中应当严格控制光电倍增管的环境温度。

2. 基于内光电效应的光电元件

1）光敏电阻

(1) 光敏电阻的结构与原理:光敏电阻又称光导管,它是一种几乎都是用半导体材料制成的光电器件。光敏电阻没有极性,纯粹是一个电阻器件,使用时既可以加直流电压,也可以加交流电压。无光照时,光敏电阻值(暗电阻)很大,电路中电流(暗电流)很小。

当光敏电阻受到一定波长范围的光照时,它的阻值(亮电阻)急剧减小,电路中电流迅速增大。一般希望暗电阻越大越好,亮电阻越小越好,此时光敏电阻的灵敏度很高。实际光敏电阻的暗电阻值一般在兆欧级,亮电阻在几千欧以下。图 10-8 为光敏电阻的原理结构。它是涂于玻璃底板上的一薄层半导体物质,半导体的两端装有金属电极,金属电极与引出线端相连接,光敏电阻就通过引出线端接入电路。为了防止周围介质的影响,在半导体光敏层上覆盖了一层漆膜,漆膜的成分应使它在光敏层最敏感的波长范围内透射率最大。制作光敏电阻常用硫化镉(CdS)、硒化镉(CdSe)、硫化铅(PbS)、硒化铅(PbSe)和锑化铟(InSb)等材料。

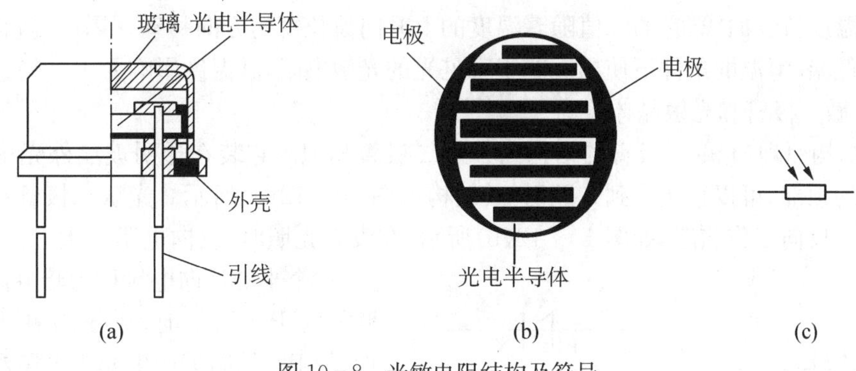

图10-8 光敏电阻结构及符号

（2）光敏电阻的主要参数如下所述。

① 暗电阻：光敏电阻在不受光时的阻值称为暗电阻，此时流过的电流称为暗电流。

② 亮电阻：光敏电阻在受光照射时的电阻称为亮电阻，此时流过的电流称为亮电流。

③ 光电流：亮电流与暗电流之差称为光电流。

（3）光敏电阻的基本特性如下所述。

① 伏安特性：在一定光照下，流过光敏电阻的电流与光敏电阻两端的电压的关系称为光敏电阻的伏安特性。图10-9为硫化镉光敏电阻的伏安特性曲线。由图可见，光敏电阻在一定的电压范围内，其 $I-U$ 曲线为直线，说明其阻值与入射光量有关，而与电压、电流无关。

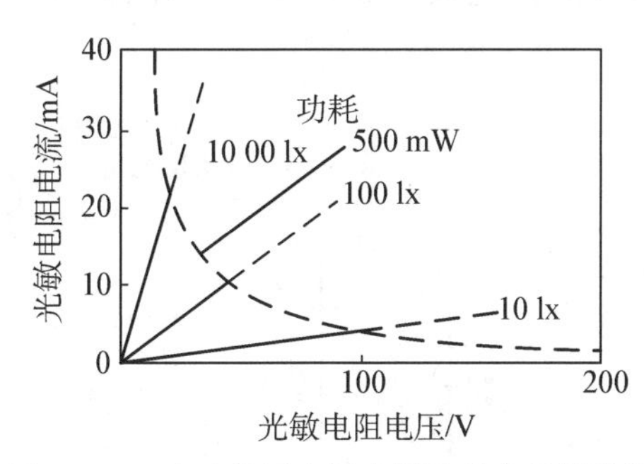

图10-9 为硫化镉光敏电阻的伏安特性曲线

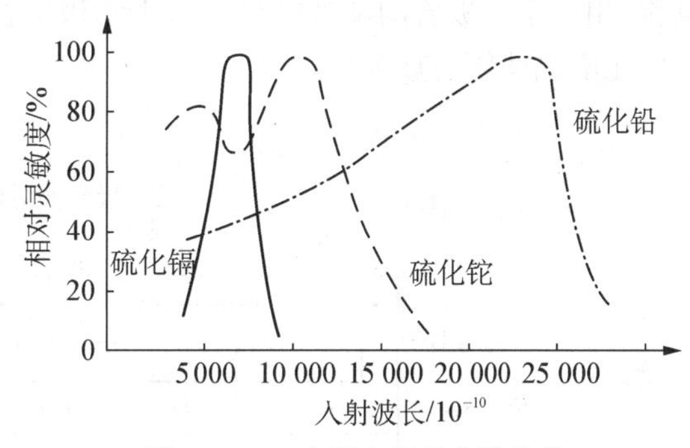

图10-10 光敏电阻的光谱特性

② 光谱特性：光敏电阻的相对光敏灵度与入射波长的关系称为光谱特性，亦称为光谱响应。图10-10为几种不同材料光敏电阻的光谱特性。对于不同的入射波长，光敏电阻的灵敏度是不同的。从图中可以看出硫化镉光敏电阻的光谱响应的峰值在可见光区域，因此其常被用作光度量测量（照度计）的探头。硫化铅光敏电阻响应于近红外区和中红外区，故常用做火焰探测器的探头。

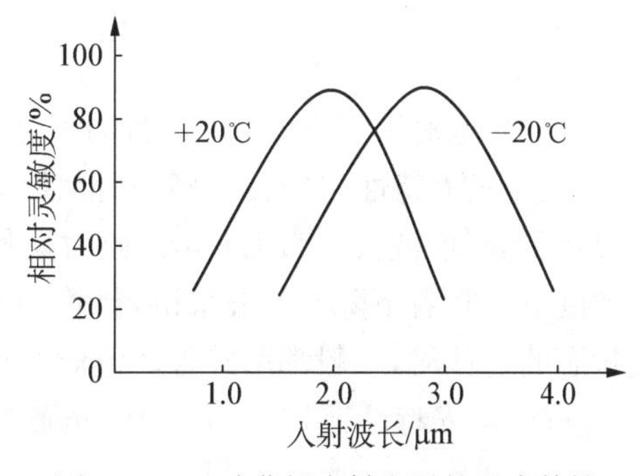

图10-11 硫化铅光敏电阻的温度特性

③ 温度特性：温度变化影响光敏电阻的光谱响应。同时，光敏电阻的灵敏度和暗电阻都会随着温度的变化而变化，尤其是响应于红外区的硫化铅光敏电阻受温度影响更大。图10-11为硫化铅光

敏电阻的温度特性曲线，它的峰值随着温度的上升向波长短的方向移动。因此，硫化铅光敏电阻要在低温、恒温的条件下使用。对于可见光的光敏电阻，其温度影响要小一些。

2）光敏二极管和光敏晶体管

（1）结构原理：光敏二极管的结构与一般二极管相似。它装在透明玻璃外壳中，其 PN 结装在管的顶部，可以直接受到光照射，其结构如图 10－12(a)所示。光敏二极管在电路中一般是处于反向工作状态，如图 10－12(b)所示，在没有光照时，反向电阻很大，反向电流很小，这个小的反向电流称为暗电流。当光照射在 PN 结上时，光子打在 PN 结附近，使 PN 结附近产生光生电子和光生空穴对。它们在 PN 结处的内电场作用下作定向运动，形成光电流。光的照度越大，光电流越大。因此光敏二极管在不受光照射时，处于截止状态，受光照射时，处于导通状态。

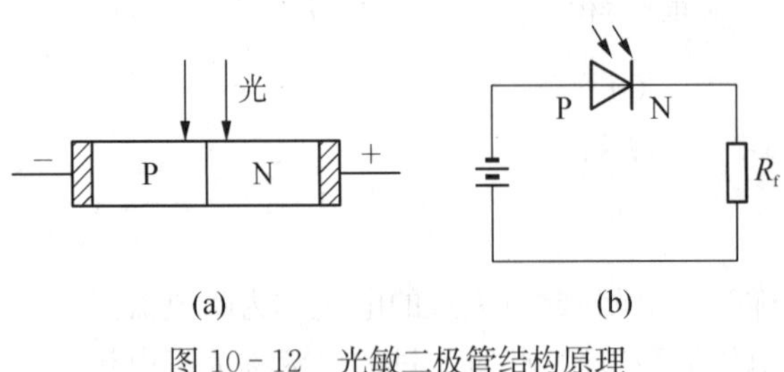

图 10－12　光敏二极管结构原理

光敏晶体管与一般晶体管很相似，具有两个 PN 结，只是它的发射极一边做得很大，用以扩大光的照射面积。NPN 型光敏晶体管的结构和基本电路如图 10－13(a)、(b)所示。大多数光敏晶体管的基极无引出线，当集电极加上相对于发射极为正的电压而不接基极时，集电结就是反向偏压；当光照射在集电结上时，就会在结附近产生电子空穴对，从而形成光电流，相当于三极管的基极电流。由于基极电流的增加，此集电极电流是光生电流的 β 倍，所以光敏晶体管有放大作用。

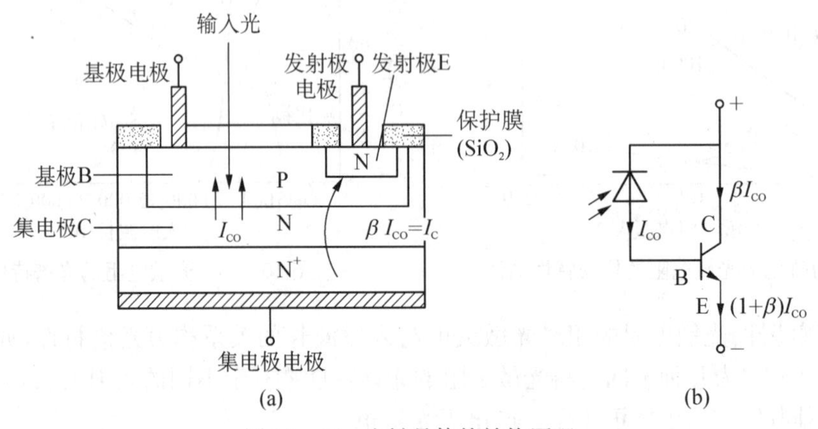

图 10－13　光敏晶体管结构原理

（2）光敏晶体管的基本特性有光谱特性、伏安特性和温度特性。

① 光谱特性：光敏二极管和晶体管的光谱特性曲线如图 10－14 所示。从曲线可以看出，锗的峰值波长约为 1.5 μm，此时灵敏度最大，而当入射光的波长增加或缩短时，相对灵敏度也会随着下降。一般来讲，锗管的暗电流较大，因此性能较差，故在可见光或探测炽热状态的物体时，一般都用硅管。但对红外光进行探测时，锗管较为适宜。

② 伏安特性：图 10－15 为硅光敏管在不同照度下的伏安特性曲线。

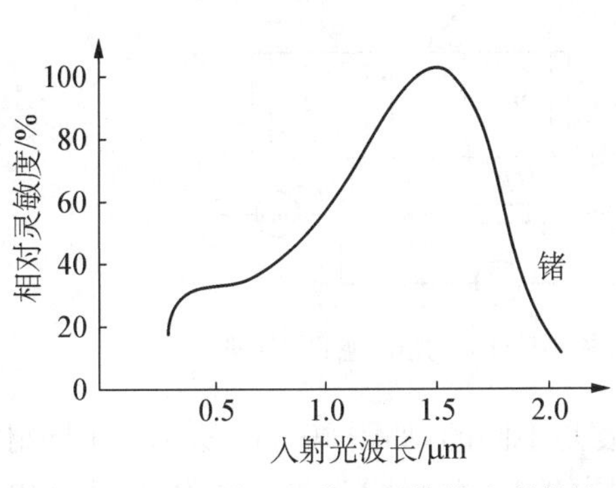

图 10-14　光敏二极管和晶体管光谱特性

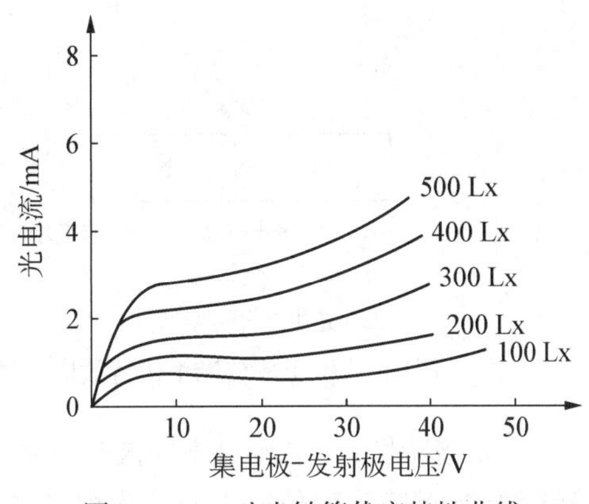

图 10-15　硅光敏管伏安特性曲线

③ 温度特性:光敏晶体管的温度特性是指其暗电流及光电流与温度的关系。光敏晶体管的温度特性曲线如图 10-16 所示。从特性曲线可以看出,温度变化对光电流影响很小,而对暗电流影响很大,所以在电子线路中应该对暗电流进行温度补偿,否则将会产生输出误差。

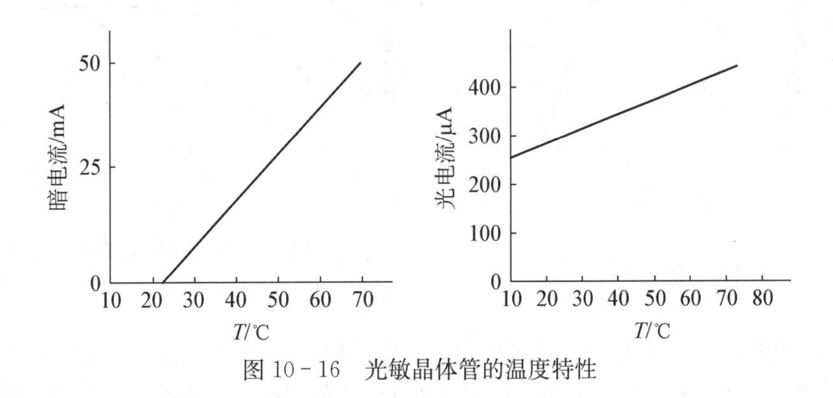

图 10-16　光敏晶体管的温度特性

3. 基于光生伏特效应的光电元件

用光生伏特效应制造出来的光敏器件称为光伏探测器。可用来制造光伏器件的材料有很多,如硅、硒、锗等。其中硅光伏器件具有暗电流小、噪声低、受温度的影响较小、制造工艺简单等特点,所以它已经成为目前应用最广泛的光伏器件,如硅光电池、硅光电二极管、硅雪崩光电二极管、硅光电三极管及硅光电场效应管等。

1）光电池的结构原理

光电池是一种直接将光能转换为电能的光电器件。它的工作原理是基于光生伏特效应(见图 10-17)。它实质上是一个大面积的 PN 结,当光照射到 PN 结的一个面,例如 P 型面时,若光子能量大于半导体材料的禁带宽度,那么 P 型区每吸收一个光子就产生一对自由电子和空穴时,电子和空穴对从表面向内迅速扩散,在结电场的作用下,最后建立一个与光照强度有关的电动势,如图 10-18 所示。

2）光电池的基本特性

光谱特性、光照特性、温度特性和伏安特性是光电池的基本特性。

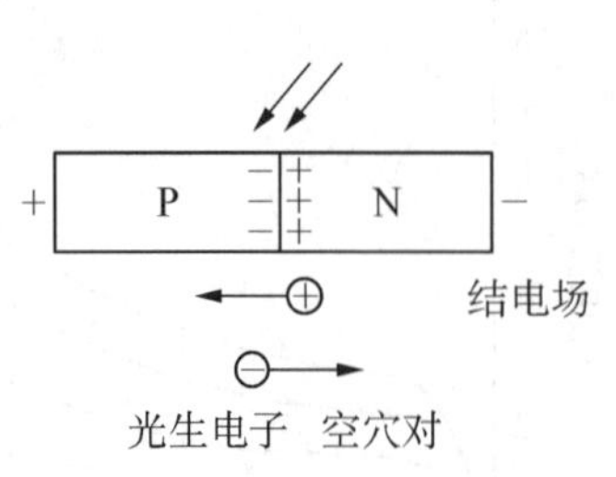

图10-17　PN结光生伏特效应原理

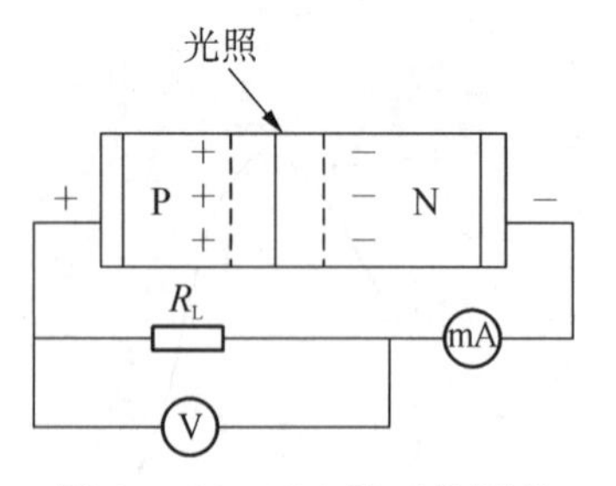

图 10-18　光电池工作原理

(1) 光谱特性:光电池对不同波长的光的灵敏度是不同的,如图 10-19 所示。不同材料的光电池,光谱响应峰值所对应的入射光波长是不同的,硅光电池在 0.8 μm 附近,硒光电池在 0.5 μm 附近。硅光电池的光谱响应波长范围为 0.4～1.2 μm,硒光电池的范围为 0.38～0.75 μm。可见硅光电池可以在很宽的波长范围内得到应用。

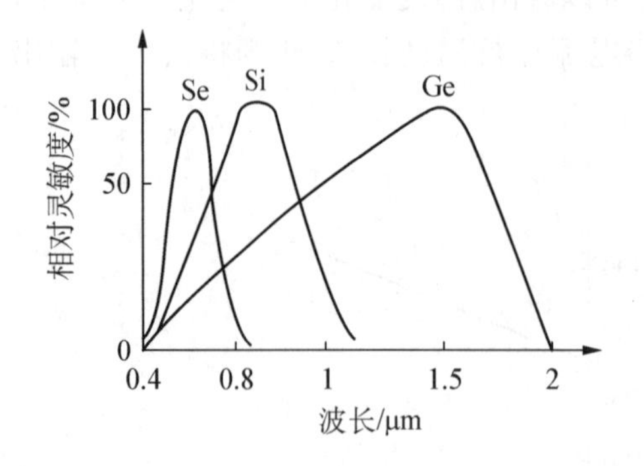

图 10-19　光电池的光谱特性

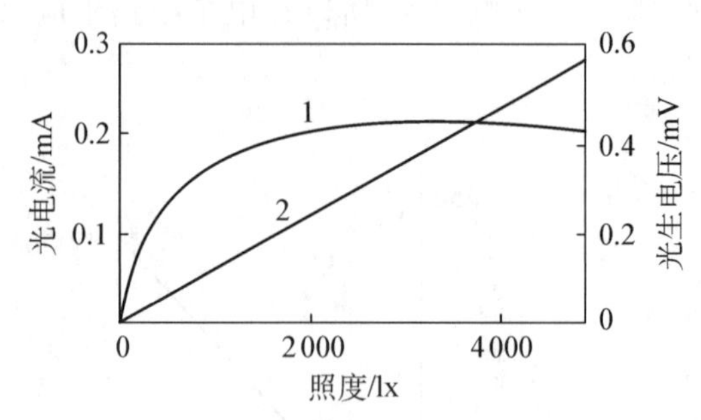

图 10-20　光电池的光照特性

1—开路电压曲线; 2—短路电流曲线

(2) 光照特性:光电池在不同光照度下,光电流和光生电动势是不同的,它们之间的关系就是光照特性。如图 10-20 所示,硅光电池的开路电压和短路电流与光照的关系中,短路电流在很大范围内与光照强度成线性关系,开路电压(负载电阻 R_L 无限大时)与光照度的关系是非线性的,并且当照度在 2 000 lx 时就趋于饱和了。因此当把电池作为测量元件时,应把它当作电流源来使用,不能用作电压源。

(3) 温度特性:光电池的温度特性是指开路电压 U_{oc} 和短路电流 I_{sc} 随温度变化的关系。图 10-21 为硅光电池在照度为1 000 lx下的温度特性曲线。由图可知,开路电压随温度上升下降很快,但短路电流随温度的变化较慢。由于它关系到应用光电池的仪器或设备的温度漂移,影响到测量精度或控制精度等重要指标,因此温度特性是光电池的重要特性之一。由于温度对光电池的工作有很大影响,因此当其作为测量器件应用时,最好能保证温度恒定或采取温度补偿措施。

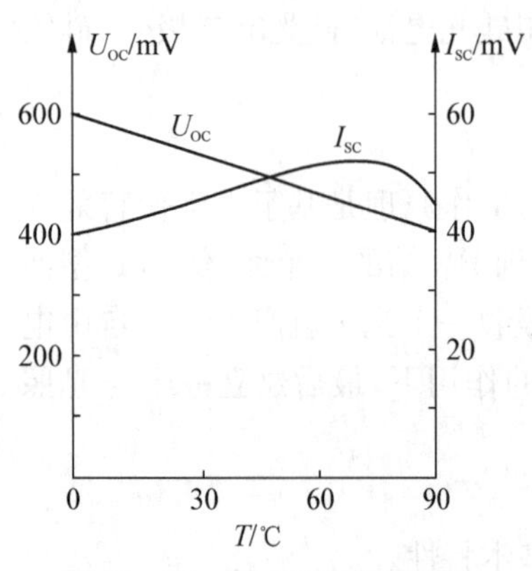

图 10-21　光电池的温度特性

(4) 伏安特性：光电池的伏安特性是指在光照一定的情况下，光电池的电流和电压之间的关系曲线。图10-22为某电路中测量得到的硅光电池在受光面积为1 cm^2 的伏安特性曲线。

图中还画出了0.5 kΩ、1 kΩ、3 kΩ的负载线。负载线(如0.5 kΩ)与某一照度(如900 lx)下的伏安特性曲线相交于一点(如A)，该点(A)在 I 和 U 轴上的投影即为在该照度(900 lx)和该负载(0.5 kΩ)时的输出电流和电压。

图10-22 光电池的伏安特性

10.3 光电传感器的应用

光电检测方法具有精度高、反应快、非接触等优点，光电传感器的结构简单，形式灵活多样，体积小。近年来，随着光电技术的发展，光电传感器已成为系列产品，其品种及产量日益增加，在各种轻工业自动机器上获得了广泛的应用。

光电传感器通常可分为反射型和透射型两类。

反射型光电开关。反射型光电开关把发光器和收光器装入同一个装置内，利用反射原理完成光电控制作用。一种情况下，发光器发出的光被反光板反射回来被收光器收到，一旦光路被检测物挡住，收光器收不到光时，光电开关就动作，输出一个开关控制信号；另一种情况下，发光器发出的光并不被专门的反光板反射，但当光路上有检测物通过时，光在检测物表面反射回来并被接收器接收从而产生一个开关信号。

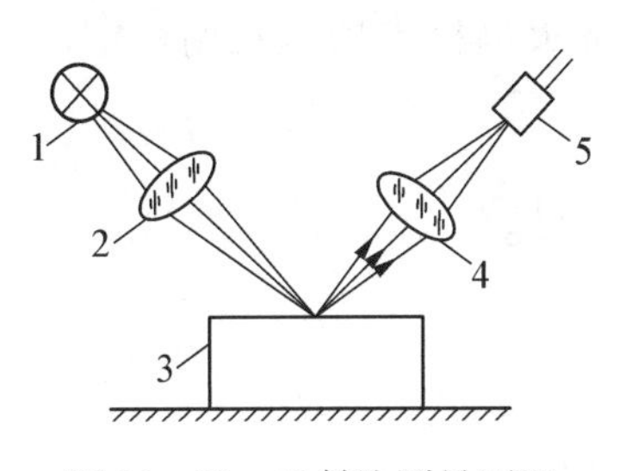

图10-23 反射法测量原理

1—光源；2—物镜；3—被测工件；4—聚光镜；5—光电元件

图10-23为反射型模拟光电传感器用于检测工件表面粗糙度或表面缺陷的工作原理。从光源1发出的光经过被测工件3的表面反射，由光电元件5接收。当被测工件表面有缺陷或粗糙度精度较低时，反射到光电元件上的光通量变小，转换成的光电流就小。检测时被测工件在工作台上可左右前后移动。

透射型光电开关：由一个发光器和一个收光器组成的光电开关就称为透射分离式光电开关，简称对射式光电开关。它的检测距离可达几米乃至几十米。使用时把发光器和收光器分别装在检测物通过路径的两侧，检测物通过时阻挡光路，收光器产生响应并输出一个开关控制信号。

图10-24为透射型光电开关用于检测工件孔径或狭缝宽度的工作原理。此法适用于检测小直径通孔。从光源1发出的光透过被测工件2的孔后，被光电元件3接收。被测孔径尺寸变化时，照到光电元件上的光通量随之变化。转换成的光电流大小由被测孔径大小决定。此方法也可用于外径的检测。

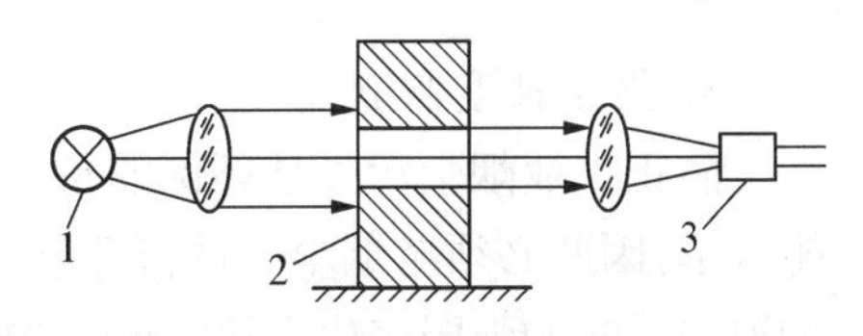

图10-24 透射法测量原理

1—光源；2—被测工件；3—光电元件

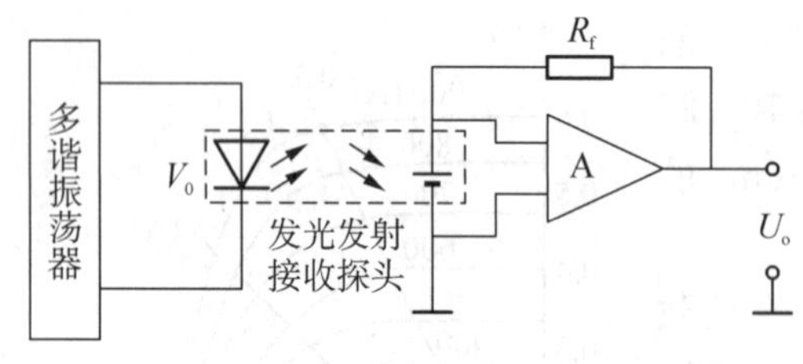

图 10－25 光电式纬线探测器工作原理

1. 光电池在光电式纬线探测器中应用

光电式纬线探测器是应用于喷气织机上，判断纬线是否断线的一种探测器。图 10－25 为光电式纬线探测器的原理及其电路。当纬线在喷气作用下前进时，红外发射管 VD 发出的红外光，经纬线反射，由光电池接收，如果光电池接收不到反射信号，说明纬线已断。因此利用光电池的输出信号，通过后续电路放大、脉冲整形等，控制机器是正常运转还是关机报警。

由于纬线线径很细，又是摆动着前进，会形成光的漫反射，削弱了反射光的强度，而且还伴有背景杂散光，因此要求探纬器具备高的灵敏度和分辨力。为此，红外发光管 VD 采用占空比很小的强电流脉冲供电，这样既保证了发光管的使用寿命，又能在瞬间有强光射出，以提高检测灵敏度。一般来说，光电池输出信号比较小，需经电路放大和脉冲整形以提高分辨力。

2. 光敏电阻在火焰探测报警器中应用

图 10－26 是采用硫化铅光敏电阻作为探测元件的火焰探测器的电路。在光照度为 0.01 W/m^2 的环境下测试硫化铅光敏电阻的暗电阻为 1 MΩ，亮电阻为 0.2 MΩ，峰值响应波长为 2.2 μm。硫化铅光敏电阻处于 V_1 管组成的恒压偏置电路，其偏置电压约为 6 V，电流约为 6 μA。V_2 管集电极电阻两端并联 68 μF 的电容，可以抑制 100 Hz 以上的高频，使其成为只有几十赫兹的窄带放大器。V_2、V_3 构成二级负反馈互补放大器，火焰的闪动信号经二级放大后送给中心控制站进行报警处理。采用恒压偏置电路是为了在更换光敏电阻时或长时间使用后，器件阻值的变化不至于影响输出信号的幅度，保证火焰报警器能长期稳定地工作。

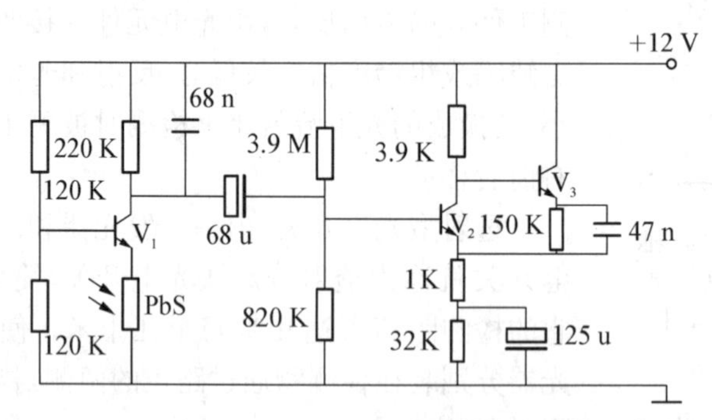

图 10－26 火焰探测报警器原理

3. 烟尘浊度监测仪

防止工业烟尘污染是环保的重要任务之一。为了消除工业烟尘污染，首先要知道烟尘排放量，因此必须对烟尘源进行监测、自动显示和超标报警。烟道里的烟尘浊度是通过光在烟道中传输的强弱变化来检测的。如果烟道浊度增加，光源发出的光被烟尘颗粒吸收和折射增加，到达光检测器的光就会减少，因而光检测器输出信号的强弱便可反映烟道浊度的变化。

4. 光电转速传感器

在待测转速轴上固定一带孔的转速调置盘，在调置盘一侧由白炽灯产生恒定光，透过盘

上小孔到达光敏二极管组成的光电转换器上，转换成相应的电脉冲信号，经过放大整形电路输出整齐的脉冲信号，转速由该脉冲频率决定。

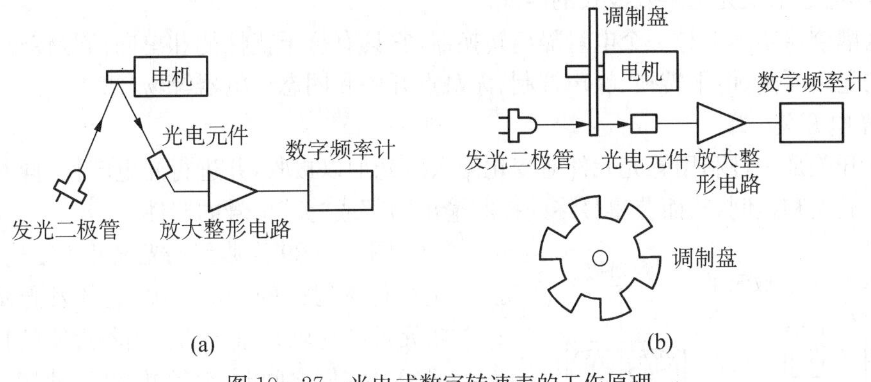

图 10－27　光电式数字转速表的工作原理

图 10－27 为光电式数字转速表的工作原理。图(a)表示转轴上涂黑白两种颜色的工作方式。当电机转动时，反光与不反光交替出现，光电元件间断地接收反射光信号，输出电脉冲。经放大整形电路转换成方波信号，由数字频率计测得电机的转速。图(b)为电机轴上固装一齿数为 z 的调制盘[相当图(a)电机轴上黑白相间的涂色]的工作方式。其工作原理与图(a)相同。

5. 光电耦合器件

光电耦合器件是发光元件(如发光二极管)和光电接收元件共同工作，以光作为媒介传递信号的光电器件。光电耦合器中的发光元件通常是半导体的发光二极管，光电接收元件有光敏电阻、光敏二极管、光敏三极管和光可控硅等。根据其结构和用途不同，又可分为用于实现电隔离的光电耦合器和用于检测有无物体的光电开关。

1) 光电耦合器

光电耦合器的发光和接收元件都封装在一个外壳内，一般有金属封装和塑料封装两种。耦合器常见的组合形式如图 10－28 所示。

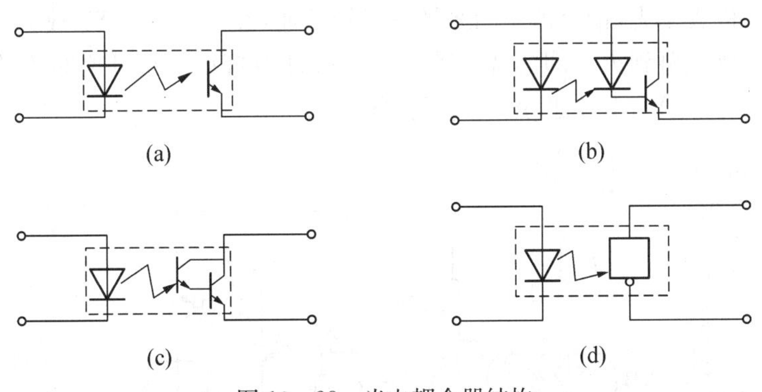

图 10－28　光电耦合器结构

图(a)所示的组合形式结构简单，成本较低，且输出电流较大，可达 100 mA，响应时间为 3～4 μs。图(b)所示的组合形式结构简单，成本较低，响应时间快，约为 1 μs，但输出电流小，在 50～300 μA 之间。图(c)所示的组合形式传输效率高，但只适用于较低频率的装置中。图(d)是一种高速、高传输效率的新颖器件。对图中所示无论何种形式，为保证其有较好的灵敏度，都考虑了发光与接收波长的匹配。

光电耦合器实际上是一个电量隔离转换器，它具有抗干扰性能和单向信号传输功能，广泛应用在电路隔离、电平转换、噪声抑制、无触点开关和固态继电器等场合。

2) 光电开关

光电开关是一种利用感光元件对变化的入射光加以接收，并进行光电转换，同时加以某种形式的放大和控制，从而获得最终的控制输出“开”或“关”信号的器件。

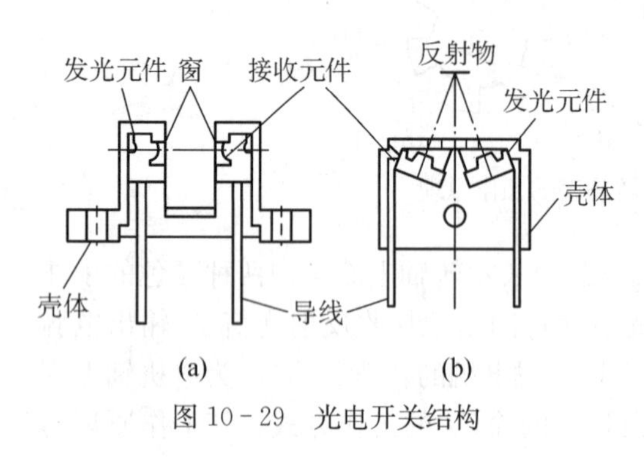

图 10－29　光电开关结构

图 10－29 为典型的光电开关结构。图(a)是一种透射式的光电开关，它的发光元件和接收元件的光轴是重合的。当不透明的物体位于或经过它们之间时，会阻断光路，使接收元件接收不到来自发光元件的光，这样起到检测作用。图(b)是一种反射式的光电开关，它的发光元件和接收元件的光轴在同一平面且以某一角度相交，交点一般为待测物所在处。当有物体经过时，接收元件将接收到从物体表面反射的光，没有物体时则接收不到。光电开关的特点是小型、高速、非接触，而且与 TTL、MOS 等电路容易结合。

用光电开关检测物体时，大部分只要求其输出信号有“高—低”(1—0)之分即可。光电开关广泛应用于工业控制、自动化包装线及安全装置中作光控制和光探测装置。可在自控系统中用作物体检测，产品计数，料位检测，尺寸控制，安全报警及计算机输入接口等。

3) 光电耦合器在脉冲点火控制器中应用

图 10－30 为燃气热水器中的高压打火确认电路原理。在高压打火时，火花电压可达一万多伏，这个脉冲高电压对电路工作影响极大，为了使电路正常工作，采用光电耦合器 VB 进行电平隔离，大大增强了电路的抗干扰能力。当高压打火针对打火确认针放电时，光电耦合器中的发光二极管发光，耦合器中的光敏三极管导通，经 V_1、V_2、V_3 放大，驱动强吸电磁阀，将气路打开，燃气碰到火花即燃烧。若高压打火针与打火确认针之间不放电，则光电耦合器不工作，V_1、V_2、V_3 不导通，燃气阀门关闭。

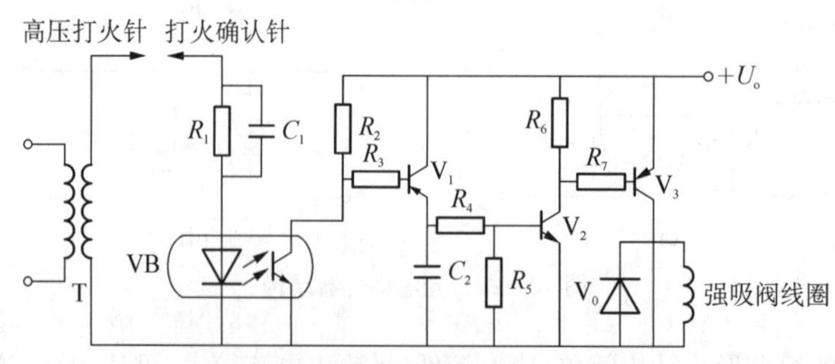

图 10－30　燃气热水器中的高压打火确认电路原理

思考与习题

1. 光电效应通常分为哪几类？与之对应的光电元件有哪些？

2. 光电倍增管产生暗电流的原因有哪些？如何降低暗电流？

3. 试述光电倍增管的组成及工作原理。

4. 简述光敏二极管和光敏三极管的结构特点、工作原理及两管的区别。

5. 简述光电池的工作原理，指出它应工作在电流源还是电压源状态。

6. 逻辑电路在电子线路中有着重要的应用。某同学利用"非"门电路设计了一个路灯自动控制门电路。天黑了，让路灯自动接通；天亮了，让路灯自动熄灭。图10-31中R_G是一个光敏电阻，当有光线照射时，光敏电阻的阻值会显著减小。R是可调电阻，起分压作用。"非"门电路能将输入的高压信号转变为低压信号，或将低压信号转变为高压信号。J为路灯总开关控制继电器，它在获得高压时才启动(图中未画路灯电路)。

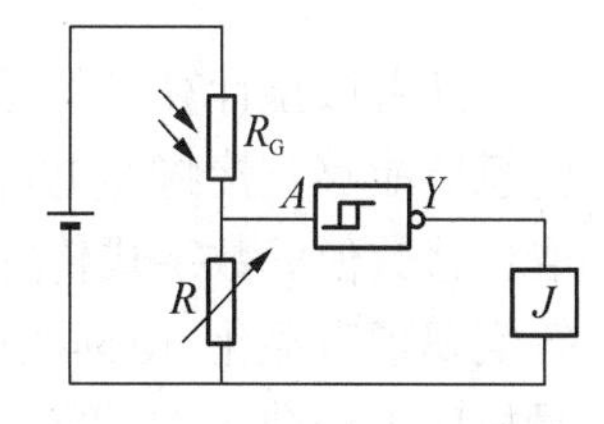

图10-31　路灯自动控制门电路原理

(1) 当天黑时，R_G变________，"非"门电路获得________电压，J得到________电压。(填"大"、"小"或"高"、"低")

(2) 如果路灯开关自动接通时天色还比较亮，现要调节自动控制装置，使得它在天色较黑时才会自动接通开关，应将R调________(填"大"或"小")一些。

7. 试比较光敏电阻、光电池、光敏二极管和光敏三极管的性能差异，给出什么情况下应选用哪种器件最为合适的评述。

8. 试分别使用光敏电阻、光电池、光敏二极管和光敏三极管设计一种适合TTL电平输出的光电开关电路，并叙述其工作原理。

9. 为什么在光照度增大到一定程度后，硅光电池的开路电压不再随入射照度的增大而增大？硅光电池的最大开路电压为多少？

10. 光电传感器控制电路如图10-32所示，试分析电路工作原理：

(1) GP-ISO1是什么器件，内部由哪两种器件组成？

(2) 当用物体遮挡光路时，发光二极管LED有什么变化？

(3) R_1是什么电阻，在电路中起到什么作用？如果VD二极管的最大额定电流为60 mA，R_1应该如何选择？

(4) 如果GP-ISO1中的VD二极管反向连接，电路状态如何？晶体管VT、LED如何变化？

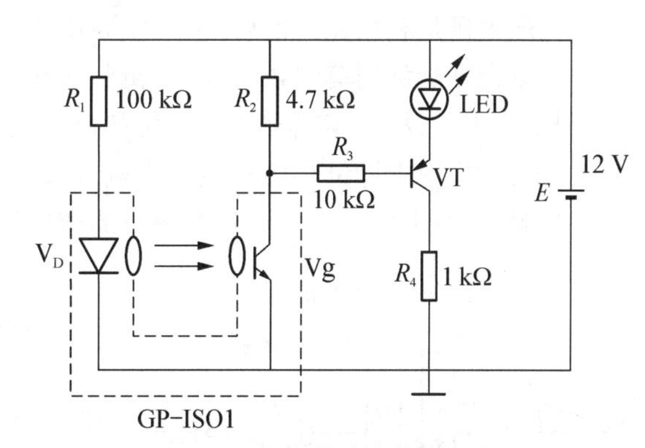

图10-32　光电传感器控制电路原理

11. 试举出几个实例说明光电传感器的实际应用，并分析工作原理。

第 11 章　数字式传感器

随着微型计算机的迅速发展，对信号的检测、控制和处理已经进入数字化阶段。数字式传感器能够直接将非电量转换为数字量，这样就不需要 A/D 转换，直接用数字显示，实时读取位移数值。数字式传感器一方面应用于测量工具中，使传统的游标卡尺、千分尺、高度尺等实现了数显化，使读数过程变得既方便又准确；另一方面，广泛应用于数控机床中，通过测量机床工作台、刀架等运动部件的位移，进行位置伺服控制。

本章将从结构、原理和应用三个方面介绍几种常用的数字式传感器，分别是光栅传感器、磁栅传感器、容栅传感器和角数字编码器。它们与模拟式传感器相比具有测量精度高，分辨率高，稳定性好，抗干扰能力强，便于信号处理和实现自动化测控，适宜远距离传输等优点。

11.1　光栅传感器

光栅传感器主要用于长度和角度的精密测量以及数控系统的位置检测等，在坐标测量仪和数控机床的伺服系统中有着广泛的应用。

光栅是由很多等间距的透光缝隙和不透光的刻线均匀排列构成的光电器件，按其原理和用途，可分为物理光栅和计量光栅。

物理光栅是利用光的衍射现象，主要用于光谱分析和光波长等量的测量。

计量光栅是利用莫尔条纹现象，测量长度和角度等物理量。计量光栅传感器具有精度高、测量范围大、易于实现测量自动化和数字化等优点，因此其应用较广。

在实际应用中计量光栅有透射光栅和反射光栅两种，按其作用原理又可分黑白光栅和相位光栅，本节主要讨论用于长度测量的透射黑白光栅。

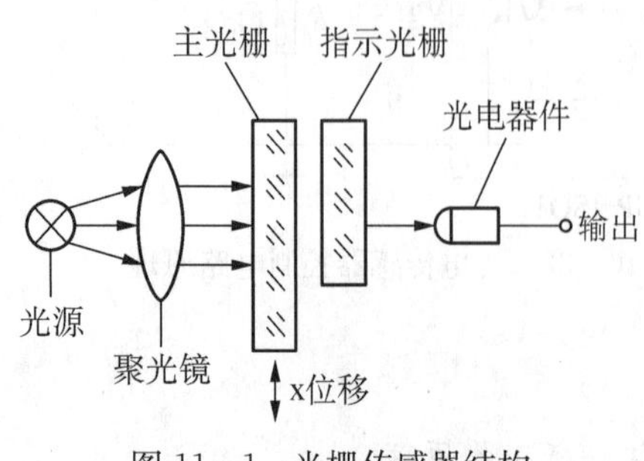

图 11-1　光栅传感器结构

1. 光栅传感器的结构

光栅传感器由照明系统、光栅副和光电元件组成，如图 11-1 所示。光栅副是光栅传感器的主要部分，它由主光栅和指示光栅组成。当标尺光栅相对于指示光栅移动时，形成的横向莫尔条纹产生明暗交替变化，利用光电接收元件将莫尔条纹明暗变化的光信号转换成电脉冲信号，并用数字显示，从而测量出标尺光栅的移动距离。

主光栅是在一块长条形的光学玻璃上均匀地刻

上许多线纹，形成规则排列和规则形状的明暗条纹，如图 11－2 所示，图中 a 为刻线宽度，t 为刻线间的缝隙宽度，$a+b=W$ 称为光栅的栅距，或光栅常数。其中，$a=b=W/2$，刻线密度一般为 10、25、50、100 线/mm。

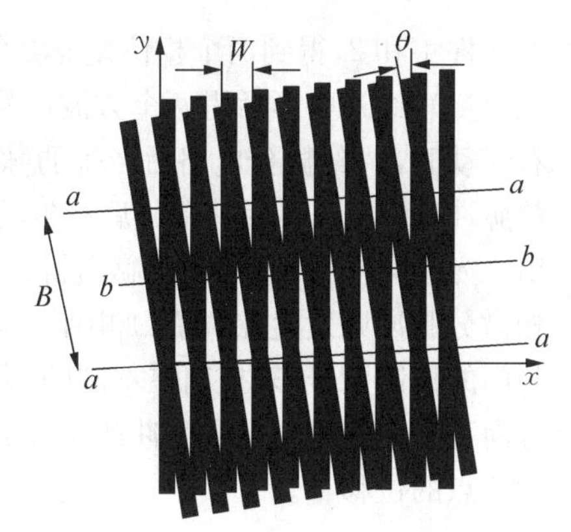

图 11－2　光栅的莫尔条纹

指示光栅通常有与主光栅同样刻线密度的线纹，但比主光栅短得多。

光源一般用砷化镓为主的发光二极管固态光源。这种光源具有较宽的工作温度范围（－66～＋100℃），并发出 910～940 mm 的近红外光，正好接近硅光敏三极管的敏感波长，因此有很高的转换效率，可达 30%左右。此外，它的脉冲响应速度为几十纳秒，与光敏三极管结合，可以得到 2 μs 的实用响应速度。这种快速响应特性，可以使光源只在被应用时才被触发，从而降低功耗和热扩散，改善光栅系统的热效应。它的体积小，外形为 $\phi 2\times 5$ mm，透镜直接与发光片封装在一起，有利于小型化。

光电元件有光电池和光敏二极管。采用固态光源时，需要选用敏感波长与光源接近的光敏元件，以获得较高的转换效率（输出功率）。但是，通常光敏元件的输出不是足够大，因此常接有放大器，同时将信号变为要求的输出波形。

2. 莫尔条纹

莫尔条纹是指光栅常数相等的两块光栅相互叠合在一起时，若两光栅刻线之间保持很小的夹角 θ，由于遮光效应，在两块光栅刻线重合处，光从缝隙透过形成亮带；两块光栅刻线彼此错开处，由于挡光作用形成暗带。于是在近于垂直栅线的方向上出现若干明暗相间的条纹，即莫尔条纹。

莫尔条纹有三个特点：运动对应关系、位移的放大作用和误差的平均效应。

（1）运动对应关系：莫尔条纹的移动量和移动方向与两块光栅相对的位移量和位移方向有着严格的对应关系。若把图 11－2 中垂直的光栅标记为光栅 2，倾斜 θ 的光栅标记为光栅 1，当光栅 1 沿着刻线垂直方向向右移动一个栅距时，莫尔条纹将沿着光栅 2 的栅线向下移动一个条纹间距；反之，当光栅 1 向左移动一个栅距时，莫尔条纹沿着光栅 2 的栅线向上移动一个条纹间距。因此根据莫尔条纹的移动量和移动方向就可以判定光栅 1 的位移量和位移方向。

（2）位移的放大作用：当光栅每移动一个光栅栅距 W 时，莫尔条纹也跟着移动一个条纹宽度 B_H，如果光栅作反向移动，条纹移动方向也相反。当 W 一定时，两光栅夹角 θ 越小，莫尔条纹间距 B_H 越大，这相当于把栅距 W 放大了 $1/\theta$ 倍，从而提高了测量的灵敏度。光栅刻线夹角 θ 可以调节，调节夹角 θ 可以改变莫尔条纹的间距。

（3）误差的平均效应：莫尔条纹由光栅的大量刻线形成，对线纹的刻划误差有平均抵消作用，能在很大程度上消除栅距的局部误差和短周期误差的影响。

3. 辨向原理

用光电接收元件接收莫尔条纹信号，转换为电信号，实现了非电量转换为电量。在实际应用中，物体移动是有方向性的，因而对位移量的测量除了确定大小之外，还应确定其方向。如图 11－3 所示，为辨向的工作原理和逻辑电路。在相隔 $B_H/4$ 间距的位置上，放置两个光电元件 1 和 2，得到两个相位差 $\pi/2$ 的电信号 U_1 和 U_2（图中波形是消除了直流分量后的交流分量），经过整形后得两个方波信号 U_1' 和 U_2'，从图中波形的对应关系可以看出，当光栅向右移动时，U_1' 经微分电路后产生的脉冲，正好发生在 U_2' 的 1 电平时，从而经 Y_1 输出一个计数脉冲；而 U_2' 经反相并微分后产生的脉冲，则与 U_2' 的 0 电平相遇，与门 Y_2 被阻塞，无脉冲输出。光栅向左移动时，U_1' 的微分脉冲发生在 U_2' 的 0 电平时，与门 Y_1 无脉冲输出；而 U_1' 的反相微分脉冲则发生在 U_2' 的 1 电平时，与门 Y_2 输出一个计数脉冲，则说明 U_2' 的电平状态作为与门的控制信号，来控制在不同的移动方向时，U_1' 所产生的脉冲输出。这样就可以根据运动方向正确地给出加计数脉冲或减计数脉冲，再将其输入可逆计数器，实时显示出相对于某个参考点的位移量。

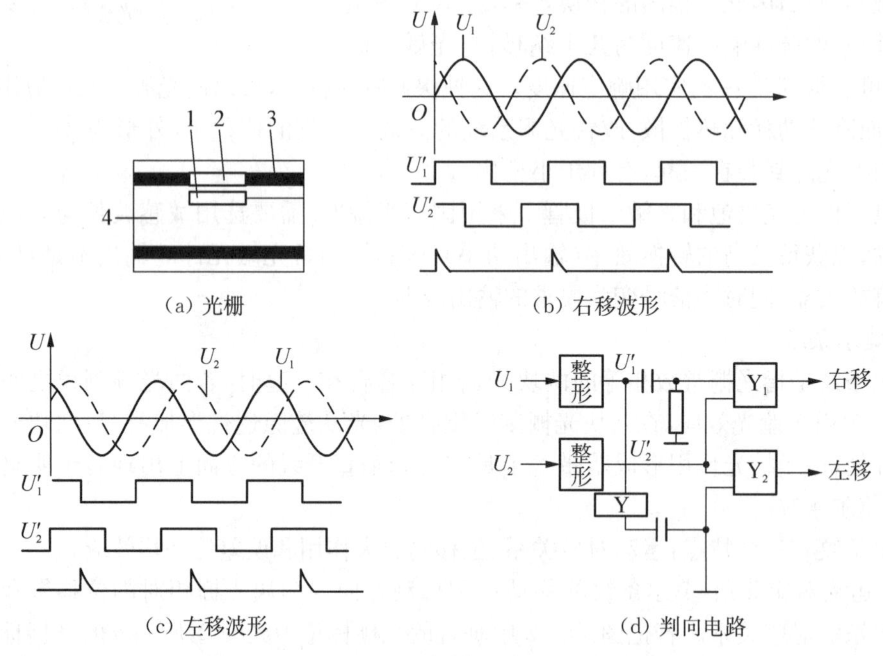

图 11-3 辨向原理

1、2—光电元件；3—莫尔条纹；4—指示光栅

4. 细分技术

由光栅测量原理可知，以移动的莫尔条纹的数量来确定位移量，其分辨率为光栅栅距。为了提高分辨率和测量比栅距更小的位移量，可采用细分技术。所谓细分，就是在莫尔条纹信号变化的一个周期内，发出若干个脉冲，以减少脉冲当量，如一个周期内发出 n 个脉冲，即可使测量精度提高到 n 倍，而每个脉冲相当于原来栅距的 $1/n$。由于细分后计数脉冲频率也提高了 n 倍，因此也称为 n 倍频。细分方法有机械细分和电子细分两类。其中四倍频细分法是电子细分法中最基础的细分技术。在相差 $B_H/4$ 位置上安装两个光电元件，得到两个相位相差 $\pi/2$ 的电信号。若将这两个信号反相就可以得到四个依次相差 $\pi/2$ 的信号，从而可以在移动一个栅距的周期内得到四个计数脉冲，实现四倍频细分。也可以在相差 $B_H/4$ 位置上安放四个光电元件来实现四倍频细分。这种细分法对莫尔条纹产生的信号波形无严格要求，但是由于不可能安装过多光电元件使细分数也不可能太高。

5. 光栅传感器的应用

光栅传感器具有测量精度高、分辨率高、测量范围大、动态特性好和易于实现自动控制等一系列优点，多用于精密机床和仪器的精密定位、长度检测、速度、振动和爬行的测量等。

如图 11－4 所示，光栅传感器用于机床横向和纵向进给位置的检测。指示光栅固定在工作台上，标尺光栅固定在床鞍上，当工作台沿着床鞍左右移动时，工作台移动的位移量可通过数字显示装置显示出来。床鞍前后移动的位移量用同样方法进行检测。数字显示方式代替了传统的标尺刻度读数，大大提高了加工精度和效率。

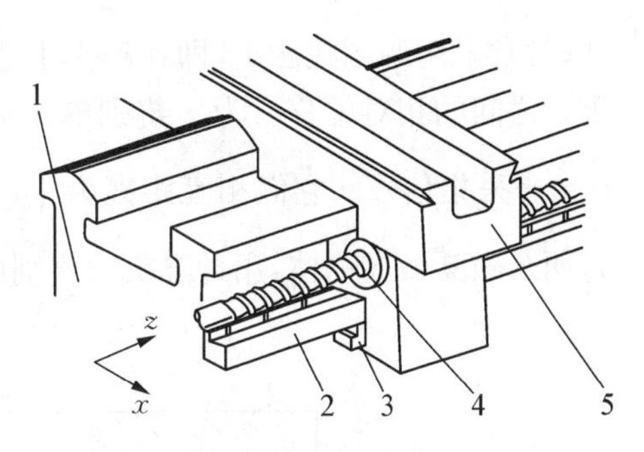

图 11－4　光栅安装

1—床身；2—光栅；3—扫描头；4—滚珠丝杠螺母副；5—床鞍

11.2　磁栅传感器

1. 磁栅传感器的结构与原理

磁栅传感器主要由磁尺（磁栅或磁盘）、磁头和检测电路组成。磁尺上录有等间距的磁信号，磁头沿磁尺运动检测磁信号，并转换成电信号，从而反映位移量。

如图 11－5 所示磁尺通常有带形磁尺、线形磁尺、同轴（或圆形）磁尺。

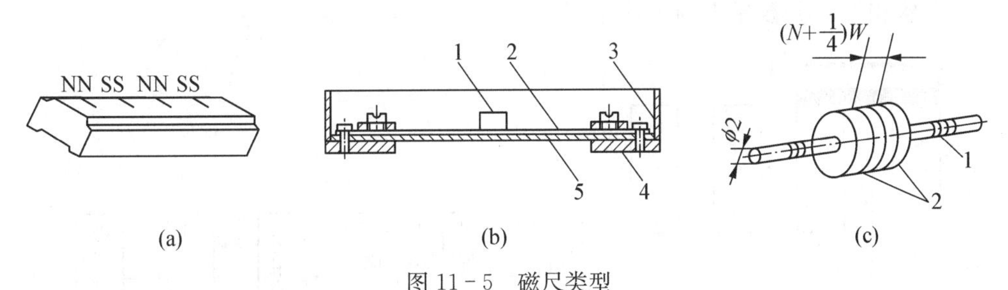

图 11－5　磁尺类型

(a) 尺型传感器　(b) 带形磁栅传感器　(c) 同轴型磁栅传感器

磁头可分为动态磁头和静态磁头两大类。动态磁头只有在磁头与磁尺间有相对运动时，才有信号输出，故不适用于速度不均匀、时走时停的机床。静态磁头在磁头与磁尺间没有相对运动时也有信号输出。

图 11－6 为磁头的结构及其在磁尺上的配置，其中下方所示为磁尺的磁化波形，在 N 和 N、S 和 S 重叠部分的磁感应强度为最大，从 N 到 S 磁感应强度呈正弦波变化。利用与录音技术相类似的方法，通过录磁磁头在磁尺上录制出节距严格相等的磁信号作为计数信号，信号为正弦波或方波，节距 W 通常为 0.05 mm、0.1 mm 或 0.2 mm。磁尺的基体由不导磁材料制成，上面镀上一层均匀的磁性薄膜，以防磁头频繁接触而造成磁膜磨损。磁头安装有一组线圈，当磁头与磁尺之间以一定速度相对移动时，由于电磁感应将在线圈上产生信号输出。当磁头与磁尺之间的相对运动很缓慢或相对静止时，由于磁头线圈内的磁通变化很小或者为零，则传感器的输出信号很小或为零。因此，这种传感器的使用受到一定限制。为

此,常常采用调制式磁头,即在磁头中通以激励信号,利用磁头线圈的漏磁通来检测磁头与磁尺之间的相对位移。为了辨别磁头运动的方向,类似于光栅的原理,采用两只磁头(sin、cos)来采集信号。它们相互距离为 $\left(n\pm\frac{1}{4}\right)W$, n 为整数。为了保证距离的准确性,通常将两个磁头做成一体,用计算机来辨别两只磁头输出电压的相位关系。

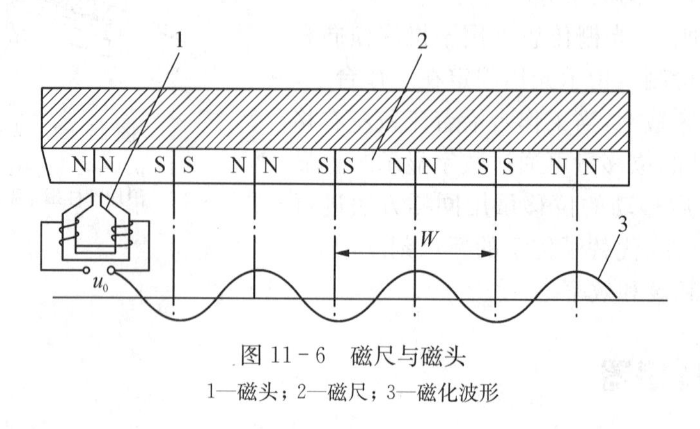

图 11-6　磁尺与磁头

1—磁头;2—磁尺;3—磁化波形

2. 磁栅数显表及应用

与其他类型的位置检测元件相比,磁栅传感器制作简单,录磁方便,易于安装及调整,测量范围宽,抗干扰能力强,价格比光栅传感器便宜,精度和分辨率略低,因此在大型机床的数字检测及自动化机床的定位控制等方面得到广泛应用。图 11-7 为上海机床研究所生产的 ZCB-101 鉴相型磁栅数显表的工作原理。

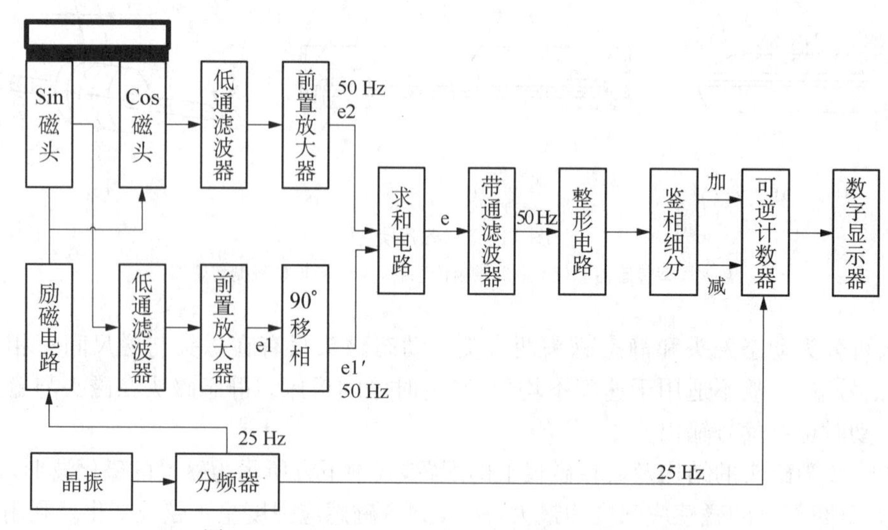

图 11-7　ZCB-101 鉴相型磁栅数显表的原理框

晶体振荡器输出的脉冲经分频器变为 25 kHz 方波信号,再经功率放大后同时送入 sin、cos 磁头的励磁绕组(串联),对磁头进行励磁。两只磁头产生的感应电动势经低通滤波器和前置放大器送到求和放大电路,得到能反映位移量的电动势。由于求和电路的输出信号中还包括有许多高次谐波、干扰等无用信号,所以还需将其送入一个带通滤波器,取出角频率

为 w(50 kHz)的正弦信号,并将其整形为方波。当磁头相对磁尺位移一个节距 W 时,其相位就变化 360°。鉴相、细分电路有加减两个脉冲输出端。当磁头正向位移时,电路输出加脉冲,可逆计数器作加法;反之作减法,计数结果由多位十进制数码管显示。

目前磁栅数显表多采用计算机来实现以上功能,减少了硬件数量,性能更优化。

11.3　容栅传感器

容栅传感器是一种新型数字式位移传感器,是一种基于变面积工作原理的电容传感器。因它的电极排列如同栅状,故称此类传感器为容栅传感器。

1. 容栅传感器的结构与原理

根据结构形式,容栅传感器可分为 3 类:直线容栅、圆容栅和圆筒容栅。其中,直线容栅与圆筒容栅用于直线位移的测量,圆容栅用于角位移的测量。

以电容器为敏感元件,将机械位移转换为电容量变化,可进行位移的测量。平行板电容器的电容与极板面积成正比,与极板间距成反比。由一个固定极板和一个可移动极板,可以组成变面积式电容传感器。改变两极板的对应面积,传感器的电容随之变化。容栅位移传感器是基于变面积工作原理的电容传感器,其电极的排列如同栅状,相当于多个变面积型电容传感器的并联。容栅结构如图 11-8 所示,定极板为两组等间隔交叉的极栅,动极板的极距相同且栅宽相同。动极板相对于定极板移动时,机械位移量转变为电容值的变化,通过电路转化得到电信号的相应变化量。

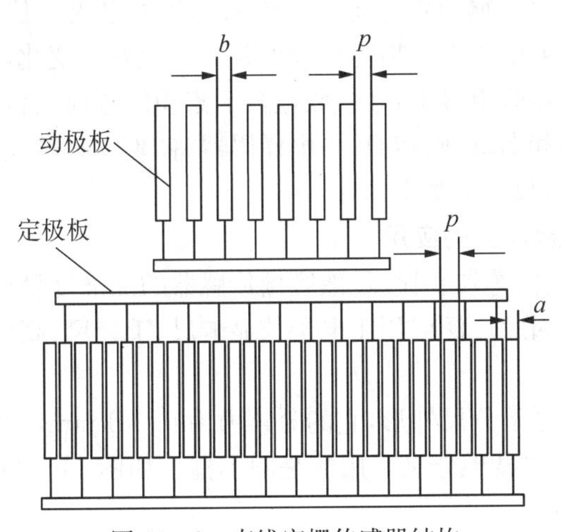

图 11-8　直线容栅传感器结构

其中动极板是有源的,定极板是无源的,两者保持很小的间隙(约为 0.1 mm)。动极板上有多个发射电极和一个长条形接收电极;定极板上有多个互相绝缘的反射电极和一个屏蔽电极。一个发射电极的宽度为一个节距 W,一个反射电极对应于一组发射电极。在图 11-9中,发射电极有 48 个,分成 6 组,则每组有 8 个发射电极。每隔 8 个接在一起,组成一个激励相,在每组相同序号的发射电极上加一个幅值、频率和相位相同的激励信号,相邻序号电极上激励信号的相位差是 45°。设第一组序号为 1 的发射电极上加一个相位为 0°的激励信号,序号为 2 的发射电极上的激励信号相位则为 45°,依次类推,序号为 8 的发射电极上的激励信号相位为 315°,第 2、3、4、5、6 组的 9、17、25、33、41 上发射电极激励信号相位与第一组序号 1 相位相同。

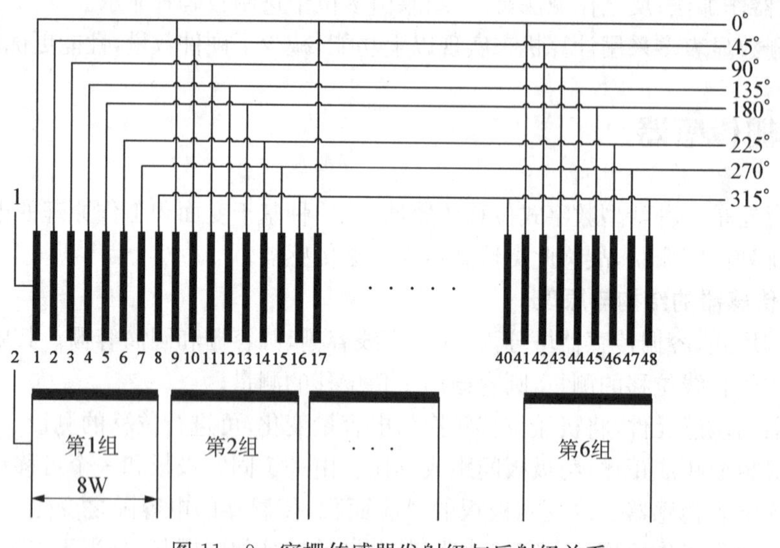

图 11－9　容栅传感器发射级与反射级关系

1—发射电极；2—反射电极

发射电极与反射电极和接收电极之间均存在着电场,由于反射电极的电容耦合和电荷传递作用,使得接收电极上的输出信号随发射电极与反射电极的位置变化而变化。当动尺向右移动一定距离时,发射电极与反射电极间的相对面积发生变化,反射电极上的电荷量发生变化,并将电荷感应到接收电极上,在接收电极上累积的电荷与位移量成正比。经运算器处理后进行公/英制转换和 BCD 码转换,再由译码器将 BCD 码转变成七段码送到显示驱动单元。这就是容栅传感器数显的基本原理。

2. 容栅传感器在数显尺上的应用

与其他大位移数字式传感器相比,虽然容栅传感器的准确度稍差,但其体积小、造价低、耗电省和环境使用性强,因此广泛应用于电子数显卡尺、千分尺、高度仪、坐标仪和机床行程的测量中。

图 11－10 为容栅数显千分尺外形,它的分辨力为 0.001 mm,重复准确度为 0.002 mm,累积误差为 0.002 mm。数显千分尺采用的是圆容栅。如图 11－11 所示,圆容栅由旋转容栅与固定容栅组成。

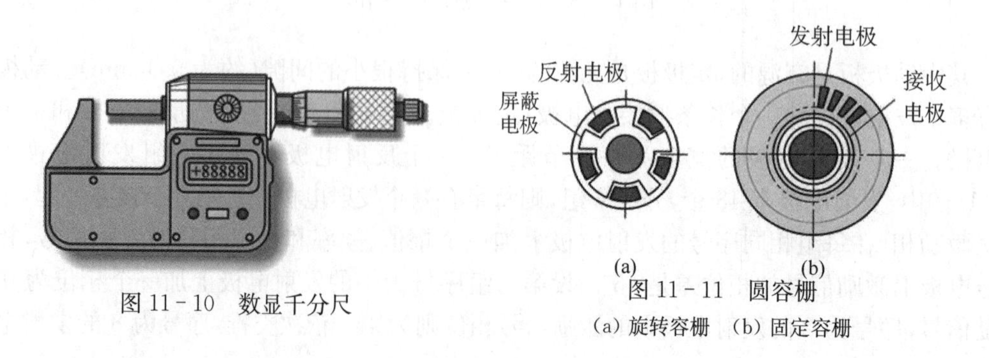

图 11－10　数显千分尺

图 11－11　圆容栅

(a) 旋转容栅　(b) 固定容栅

旋转容栅上面有独立的、互相隔离且均匀分布的金属导片，相当于反射电极，其余部分的金属连成一片并接地，相当于屏蔽电极。固定容栅外圆均匀分布的金属导片，产生发射电极，并由方波激励，容栅中间一个金属环作为接收电极，另一个接地相当于屏蔽电极。

使用数显千分尺时，固定容栅不动，安装在尺身上，旋转容栅随螺杆旋转，发射电极与反射电极的相对面积发生变化，反射电极上的电荷也随之发生变化，并感应到接收电极上。接收电极上的电荷量与角位移存在一定的比例关系，并间接反映了螺杆的直线位移。接收电极上的电荷量经检测电路处理后，由显示器显示出位移量。

11.4　角数字编码器

角数字编码器又称码盘，它是测量轴角位置和位移的方法之一，具有很高的精确度、分辨率和可靠性。角数字编码器主要有两种类型：绝对式编码器和增量式编码器。增量式编码器又称为脉冲盘式编码器，它需要一个计数系统，旋转的码盘通过敏感元件给出一系列脉冲，它在计数器中对某个基数进行加或减，从而记录了旋转的位移量。绝对式编码器也称为码盘式编码器，它可以在任意位置给出一个固定的与位置相对应的数字码输出。他们的敏感元件有磁电式、接触式和光电式。

1. 角数字编码器的结构与原理

1）绝对式编码器

绝对式编码器主要由码盘和读码元件(电刷或光电元件)组成。按照轴角位置直接给出相对应的编码输出，而不需要专门的开关电路。它的信号取出方式可以是接触式或光电式。

(1) 接触式。如图 11－12(b)所示，一个四位直接二进制接触式码盘。在绝缘材料圆盘上按二进制规律设计粘贴导电铜箔(图中阴影部分)，不粘贴铜箔的地方是绝缘的(图中白色部分)，利用电刷与铜箔接触导电与否读取信号输出二进制码 1 和 0。码盘分成四个码道，每个码道上都有一个电刷，电刷经取样电阻接地，信号从电阻上取出。无论码盘在哪个角度，都有四位二进制码与之对应。码盘最里面一圈是公用轨道，它和各码道所有导电部分连在一起，经限流电阻接激励电源 E 的正极，如图 11－12(a)所示。最外环是数码的最低位，最

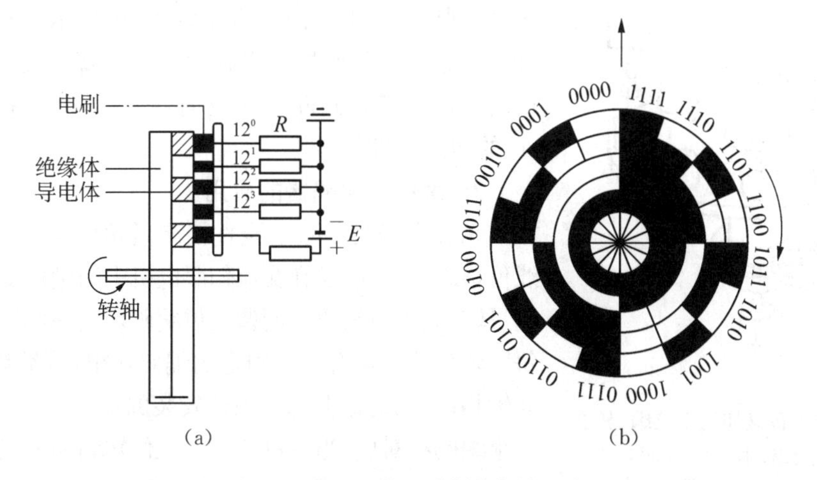

(a)　　(b)

图 11－12　四位二进制接触式码盘

里环(不包括公共轨道)是最高位。码盘与被测转轴连接在一起,电刷位置固定,当码盘随被测轴转动时,电刷与码盘的位置就发生了相对变化。若电刷接触到导电区域,则该回路中的取样电阻上有电流流过,产生压降,输出为1;反之,若电刷接触的是绝缘区域,则不能形成回路,取样电阻上无电流通过,输出为0。因此根据电刷位置可以得到四位二进制码。

(2) 光电式。对于光电式码盘,结构类似于接触式码盘,其中黑色区域为不透光区,用0表示,白色区域为透光区,用1表示。这样,在任意角度都有对应的二进制码,没有电刷,取而代之的是每个码道上都有一组光电元件,没有公共轨道。

光电码盘的特点是没有接触磨损,码盘寿命长,准许转速高,准确度也较高。

2) 增量式编码器

增量式编码器通常为光电编码器,结构原理如图11-13所示。

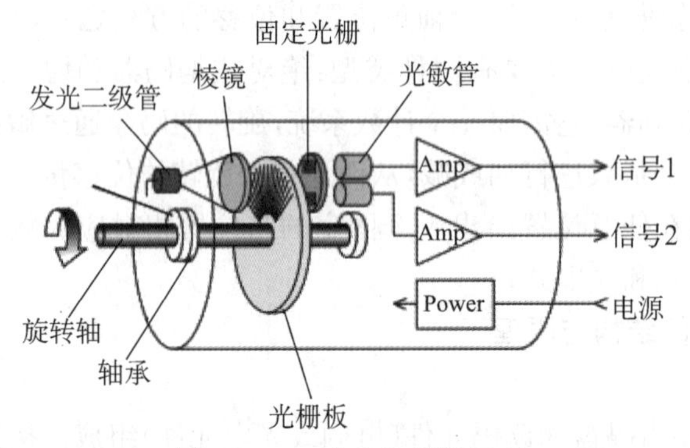

图11-13 光电编码器原理

光电编码器是一种通过光电转换将输出轴上的机械几何位移量转换成脉冲或数字量的传感器。光电编码器是应用最多的传感器,由光栅盘和光电检测装置组成。码盘可用玻璃材料制成,表面镀铬,边缘制成向心透光狭缝。光栅盘是在一定直径的圆板上等分地开通若干个长方形孔。光电码盘的光源最常用的是自身有聚光效果的LED。当光电码盘随工作轴一起转动时,在光源的照射下,透过光电码盘和光栏板狭缝形成忽明忽暗的光信号,光敏元件把此光信号转换成电脉冲信号,通过信号处理电路的整形、放大、细分、辨向后,向数控系统输出脉冲信号,也可由数码管直接显示位移量。通过计算每秒光电编码器输出脉冲的个数就能反映当前电动机的转速。若要判断旋转方向,码盘还可以提供相位差90°的两路脉冲信号。

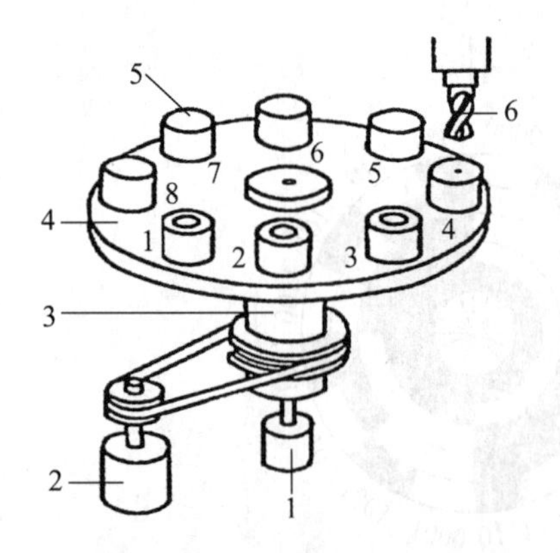

图11-14 转盘加工工位编码

1—绝对式角编码器;2—电动机;3—转轴;4—转盘;5—工件;6—刀具

2. 角数字编码器的应用

角数字编码器除了能直接测量角位移和间接测量直线位移之外,还能够在交流伺服电机中测量角度位置、数字测量转速、工位编码。所谓工位编码,其实就是绝对编码器每一转角位置均有一个固定的编码输出,若编码器与转盘同轴相连,则转盘上每一工位安装的被加工工件均可以有一个编码相对应,当转盘上某一工位转到加工点时,该工位对应的编码由编码器输出给控制系统。如图11-14所示,

转盘均匀分布 8 工位工件依次加工，此时工位 3 的编码为 0011，已加工完成，当编码器输出编码变为 0100 时，工位 4 上的工件已经转到加工点待加工，此时电动机停转。这种编码方式也在加工中心的刀库选刀控制中得到广泛应用。

思考与习题

1. 数字式传感器有什么特点？可以分成哪几类？
2. 光栅传感器的组成及工作原理是什么？
3. 什么是莫尔条纹？是如何产生的？有什么特点？
4. 试述莫尔条纹的辨向与细分原理。
5. 磁栅传感器的组成以及基本原理是什么？
6. 动态磁头与静态磁头传感器有哪些不同特点？
7. 容栅传感器原理是什么？
8. 编码器的分类方式有哪几种？
9. 简述增量式编码器与绝对式编码器的工作原理。

附　　录

附表 1　Pt100 铂电阻分度表(单位:Ω)

℃	0	1	2	3	4	5	6	7	8	9
0	100.00	100.39	100.78	101.17	101.56	101.95	102.34	102.73	103.13	103.51
10	103.90	104.29	104.68	105.07	105.46	105.85	106.24	107.63	107.02	107.49
20	107.79	108.18	108.57	108.96	109.35	109.73	110.12	110.51	110.90	111.28
30	111.67	112.06	112.45	112.83	113.22	113.61	113.99	114.38	114.77	115.15
40	115.54	115.93	116.31	116.70	117.08	117.47	117.85	118.24	118.62	119.01
50	119.40	119.78	120.16	120.55	120.93	121.32	121.70	122.09	122.47	122.86
60	123.24	123.62	124.01	124.39	124.77	125.16	125.54	125.92	126.31	126.69
70	127.07	127.45	127.84	128.22	128.60	128.98	129.37	129.75	130.13	130.51
80	130.89	131.27	131.66	132.04	132.42	132.80	133.18	133.56	133.94	134.32
90	134.70	135.08	135.46	135.84	136.22	136.60	136.98	137.36	137.74	138.12
100	138.50	138.88	139.26	139.64	140.02	140.39	140.77	141.15	141.53	141.91
110	142.29	142.66	143.04	143.42	143.80	144.17	144.55	144.93	145.31	145.68
120	146.06	146.44	146.81	147.19	147.57	147.94	148.32	148.70	149.07	149.45
130	149.82	150.20	150.57	150.95	151.33	151.70	152.08	152.45	152.83	153.20
140	153.58	153.95	154.32	154.70	155.07	155.45	155.82	156.19	156.57	156.94
150	157.31	157.69	158.06	158.43	158.81	159.18	159.55	159.93	160.30	160.67
160	161.04	161.42	161.79	162.16	162.53	162.90	163.27	163.65	164.02	164.39
170	164.76	165.13	165.50	165.87	166.24	166.61	166.98	167.35	167.72	168.09
180	168.46	168.83	169.20	169.57	169.94	170.31	170.68	171.05	171.42	171.79
190	172.16	172.53	172.90	173.26	173.62	174.00	174.37	174.74	175.10	175.47
200	175.84	176.21	176.57	176.94	177.31	177.68	178.04	178.41	178.78	179.14
210	179.51	179.88	180.24	180.61	18.97	181.34	181.71	182.07	182.44	182.80
220	183.17	183.53	183.90	184.26	184.63	184.99	185.36	185.72	186.09	186.45
230	186.82	187.18	187.54	187.91	188.27	188.63	189.00	189.36	189.72	190.09

（续表）

℃	0	1	2	3	4	5	6	7	8	9
240	190.45	190.81	191.18	191.54	191.90	192.26	192.63	192.99	193.35	193.71
250	194.07	194.44	194.80	195.16	195.52	195.88	196.24	196.60	196.96	197.33
260	197.69	198.05	198.41	198.77	199.13	199.49	199.85	200.21	200.57	200.93
270	201.29	201.65	202.01	202.36	202.72	203.08	203.44	203.80	204.16	204.52
280	204.88	205.23	205.59	205.95	206.31	206.37	207.02	207.38	207.74	280.10
290	208.45	208.81	209.17	209.52	209.88	210.24	210.59	210.98	211.31	211.66
300	212.02	212.37	212.73	213.09	213.44	213.80	214.15	214.51	214.86	215.22
310	215.57	215.93	216.28	216.64	216.99	217.35	217.70	218.05	218.41	218.76
320	219.12	219.47	219.82	220.18	220.53	220.88	221.24	221.59	221.94	222.29

附表 2　E 型热电偶分度表(分度号:E,单位:mV)

温度/℃	热电动势/mV									
	0	1	2	3	4	5	6	7	8	9
0	0.000	0.059	0.118	0.176	0.235	0.295	0.354	0.413	0.472	0.532
10	0.591	0.651	0.711	0.770	0.830	0.890	0.950	1.011	1.071	1.131
20	1.192	1.252	1.313	1.373	1.434	1.495	1.556	1.617	1.678	1.739
30	1.801	1.862	1.924	1.985	2.047	2.109	2.171	2.233	2.295	2.357
40	2.419	2.482	2.544	2.057	2.669	2.732	2.795	2.858	2.921	2.984
50	3.047	3.110	3.173	3.237	3.300	3.364	3.428	3.491	3.555	3.619
60	3.683	3.748	3.812	3.876	3.941	4.005	4.070	4.134	4.199	4.264
70	4.329	4.394	4.459	4.524	4.590	4.655	4.720	4.786	4.852	4.917
80	4.983	5.047	5.115	5.181	5.247	5.314	5.380	5.446	5.513	5.579
90	5.646	5.713	5.780	5.846	5.913	5.981	6.048	6.115	6.182	6.250
100	6.317	6.385	6.452	6.520	6.588	6.656	6.724	6.792	6.860	6.928
110	6.996	7.064	7.133	7.201	7.270	7.339	7.407	7.476	7.545	7.614
120	7.683	7.752	7.821	7.890	7.960	8.029	8.099	8.168	8.238	8.307
130	8.377	8.447	8.517	8.587	8.657	8.827	8.842	8.867	8.938	9.008
140	9.078	9.149	9.220	9.290	9.361	9.432	9.503	9.573	9.614	9.715
150	9.787	9.858	9.929	10.000	10.072	10.143	10.215	10.286	10.358	4.429

附表 3　K 型热电偶分度表(分度号:K,单位:mV)

温度/℃	热电动势/mV									
	0	1	2	3	4	5	6	7	8	9
0	0	0.039	0.079	0.119	0.158	0.198	0.238	0.277	0.317	0.357
10	0.397	0.437	0.477	0.517	0.557	0.597	0.637	0.677	0.718	0.758
20	0.798	0.858	0.879	0.919	0.960	1.000	1.041	1.081	1.122	1.162
30	1.203	1.244	1.285	1.325	1.366	10 407	1.448 7	1.480	1.529	1.570
40	1.611	1.652	1.693	1.734	1.776	1.817	1.858	1.899	1.940	1.981
50	2.022	2.064	2.105	2.146	2.188	2.229	2.270	2.312	2.353	2.394
60	2.436	2.477	2.519	2.560	2.601	2.643	2.684	2.726	2.767	2.809
70	2.850	2.892	2.933	2.975	3.016	3.058	30 100	3.141	3.183	3.224
80	3.266	3.307	3.349	3.390	3.432	3.473	3.515	3.556	3.598	3.639
90	3.681	3.722	3.764	3.805	3.847	3.888	3.930	3.971	4.012	4.054
100	4.095	4.137	4.178	4.219	4.261	4.302	4.343	4.384	4.426	4.467
110	4.508	4.549	4.600	4.632	4.673	4.714	4.755	4.796	4.837	4.878
120	4.919	4.960	5.001	5.042	5.083	5.124	5.161	5.205	5.234 0	5.287
130	5.327	5.368	5.409	5.450	5.190	5.531	5.571	5.612	5.652	5.693
140	5.733	5.774	5.814	5.855	5.895	5.936	5.976	6.016	6.057	6.097
150	6.137	6.177	6.218	6.258	6.298	6.338	6.378	6.419	6.459	6.499

参考文献

[1] 梁森,王侃夫,黄杭美.自动检测与转换技术[M].北京:机械工业出版社,2014.
[2] 郁有文,常健,程继红.传感器原理与工程应用[M].西安:西安电子科技大学出版社,2014.
[3] 何道清,张禾,谌海云.传感器与传感器技术[M].北京:科学出版社,2008.